U0213316

CHINESE
TEA

茶界

惊艳世界的
中国　名茶

中国 上

刘嘉　主编

中国轻工业出版社

图书在版编目（CIP）数据

茶界中国.上,惊艳世界的中国名茶/刘嘉主编.—北京:
中国轻工业出版社，2018.1

ISBN 978-7-5184-1757-5

Ⅰ.①茶… Ⅱ.①刘… Ⅲ.①茶文化－中国
Ⅳ.①TS971.21

中国版本图书馆CIP数据核字（2017）第324538号

责任编辑：巴丽华　　　　　责任终审：劳国强　　整体设计：王超男
策划编辑：巴丽华　王巧丽　　责任监印：张京华

出版发行：中国轻工业出版社（北京东长安街6号，邮编：100740）
印　　刷：北京富诚彩色印刷有限公司
经　　销：各地新华书店
版　　次：2018年1月第1版第1次印刷
开　　本：720×1000　1/16　印张：13
字　　数：250千字
书　　号：ISBN 978-7-5184-1757-5　定价：58.00元
邮购电话：010-65241695
发行电话：010-85119835　传真：85113293
网　　址：http://www.chlip.com.cn
Email：club@chlip.com.cn
如发现图书残缺请与我社邮购联系调换
170878S1X101ZBW

目录

味道，是嗅觉到味觉的一场曼妙旅程。

口感，是一切曼妙的源头。

茶水，没有花，闻起来却有淡淡的花香；没有糖，喝起来却是甜的；不舒服时喝一杯，会使肠胃舒服；烦躁时闻了茶香，心情也会变得舒畅。

茶水，就是如此神奇的饮品。

2001年，我作为制片人创办了一档日播栏目《华夏文明》，其中有一集为《普洱茶的故事》。因为拍摄需求，我第一次走进风景如画的茶园，第一次深入接触到茶叶背后的故事，第一次了解了茶的丰富内涵。我惊讶于茶叶的神奇，并自此与茶结缘。

十几年后，我作为制片人与江苏卫视联合出品大型人文纪录片《茶界中国》，这让我有机会与茶再续前缘。

在整个《茶界中国》的前期策划过程中，我们用了8个月的时间梳理关于茶的知识。茶叶本身的维度比较多：有历史文化的概念，有原产地农作物的概念，有中国传统手工制茶者工匠精神的概念；有精神追求层面的概念，还有对世界影响的概念。那么，从哪个维度入手去拍摄《茶界中国》？这是我们经常陷入的僵局。后来，经过大量的理论学习和到各地茶园的实践调研之后，我们决定回归到茶最本真的状态，也就是回归一个最基本的概念：茶，就是饮品！

这就是纪录片《茶界中国》核心概念的由来——来自原产地的口感追随。

一片树叶来自深山，经历九死一生，遇水涅槃后再次绽放。茶叶经过历史的变迁和时代的洗礼后，正从容不迫的展示着它本真的魅力。

对于饮料来说，首先是要好喝，适口为珍。《茶界中国》尝试把视角转换成口感的体验，把纪录片中的主角定位于茶叶，通过茶叶目前在全世界的变化，以及当下人们是如何做茶、饮茶为切入点开始讲述茶的故事。

在拍摄的过程中，我们发现了一些知识性的内容，所以在纪录片中加入了识茶、泡茶、鉴茶等常识性介绍，但由于受到纪录片篇幅的限制，这方面内容无法详尽描述。这本同名书籍将弥补这个遗憾，以更加丰富的内容来弥补影像叙述的不全、不足之处。"源于纪录片，而不止于纪录片"这是我们的在图书策划时的初衷，希望通过这本书继续和爱茶人士分享有关茶的方方面面。

现在，我们正在筹备《茶界中国》（第二季），2018年将以全新的方式展示出茶叶给人们的美好生活带来的积极影响。

最后，感谢所有参与过《茶界中国》拍摄、制作的各位成员和专家！感谢曾给予《茶界中国》提出建设性建议和批评建议的各位同仁！

文/《茶界中国》总导演　刘嘉

一群对茶叶爱到极致的人，拍了一部让人爱到极致的纪录片——《茶界中国》。仅是这个片名就令人向往之，垂涎之，陶醉之。

2017年8月，十集大型纪录片《茶界中国》在江苏卫视晚上黄金时间播出，该片以其浓郁的文化、深邃的历史、广阔的视野以及生动的细节，在国内外观众中获得好评。这部纪录片由江苏卫视和北京天润农影视文化传播有限公司联合出品。总导演刘嘉，曾在央视和新华社工作过，是曾经热播的大型纪录片《同饮一江水》、《华夏文明》的制片人，拍摄纪录片的经验十分丰富。

在拍摄《茶界中国》时，出品方组成多个摄制组，历时3年，追随茶叶由中国传播到世界的足迹，从四川、浙江、福建、西藏、台湾等11个国内省市自治区，到日本、印度、英国、肯尼亚等国家。深入茶叶的原产地，记录茶农、茶商、茶人最真实的生产和生活，探寻茶叶最正宗的口感。

《茶界中国》无论画面、音乐，甚至解说词，都体现了相当高的艺术水准，带给我们美的享受。这是一部传播茶文化知识的纪录片。之前我仅知道，中国是茶的发源地，四川蒙顶山有蒙顶茶，浙江狮峰山有龙井茶，云南澜沧江流域山谷出普洱茶，福建武夷山出红茶。却不知道400多年前一个英国人将武夷山红茶种子及制茶工艺窃去南亚，正山小种由此蔓延，成为世界红茶之祖。

2000多年前的丝绸之路，驼铃叮咚，跋涉千里的驼队马队运往西方的中国商品主要有三种：一是丝绸，二是瓷器，三就是茶叶。

穿越漫长而广阔的时空回到现在，茶仍然是中国国际贸易的重要商品。茶不仅是中国的，更是世界的。我认为，茶应该是中国人最伟大的发现和创造之一，茶的价值远远高于任何科技的发明。茶，可以说是人类文明的结晶，是中华民族贡献给世界各民族最好的礼物。

《茶界中国》，还让我回味起西藏清茶的芳香。上世纪七十年代，我在羊卓雍湖畔下乡。房东阿妈央金每天都要熬上一锅清茶，砖状的清茶掰几把，丢入平盖铝锅，用牛粪火将茶水煮开了，撒几粒粗盐，琥珀色茶汤热乎乎地喝下去，浑身毛孔都张开地那个爽啊！5年前我去看望年已90多岁的阿妈央金，招待我的是上好的酥油茶，但我仍然请了一碗清茶。热热的清茶，让我想起当年清贫而愉快的日子，想起藏族同胞待我如亲人的情谊。

西藏高原，多乳肉，少蔬菜，无论农区牧区，清茶都是家家必备。据《西藏政教鉴附录》称："茶叶亦自文成公主入藏也。"历朝历代藏汉都有茶马互市，四川雅安生产的砖茶最受西藏欢迎。雅安有专供西藏的茶厂，多用蒙顶山的茶叶、茶梗、茶沫，蒸压成砖块状，再用竹笼捆成条状，一条５０块砖茶。我去过雅安的蒙顶山，传说早在西汉时，道士吴理真就在山上种茶，煎熬茶汤喝。故蒙顶山有"中国茶之鼻祖、世界茶之源头"的美称。

还记得2005年10月，云南组织了100多匹马，驮着普洱茶进京。首届"马帮茶道·瑞贡京城——普洱茶文化北京行"活动轰动京城。创意者就是时任云南省委副书记的丹增。丹增同志我在西藏就结识，他既是领导，也是作家，而且文化策划能力很强。他那年送我的数块普洱贡茶，我至今还保留着。

茶的品位是高尚的。宋代大文豪苏轼有关茶的对联，传说很广："坐请坐请上坐，茶敬茶敬香茶。"虽是传说，但苏轼对茶的了解，千年后恐怕还未有人超越。"活水还须活火烹，自临钓石取深清。""我官于南今几时，尝尽溪茶与山茗。""且将新火试新茶。""从来佳茗似佳人。"等等。当名动天下的苏轼坐在面前，唯有以香茶敬奉之。

还有个传说，当代的。某领导到福建安溪视察，对当地铁观音赞赏有加之余建议：安溪铁观音好是好，但还得学浙江、四川对茶的推广和市场经验。安溪茶人不以为然地说：他们的茶好是好，但却是柴米油盐茶之"茶"，我安溪铁观音乃琴棋书画茶之"茶"。对茶的品位认知和自豪之情，溢于言表。

茶是有人性的。一片绿叶，一杯热茶，带着母亲的慈爱，带着乡愁的记忆。南宋诗人袁说友诗云："吾乡此茗孰与伦，谁家却说江茶珍。""我虽曾沃齿下龈，不敢溢美忘乡津。"游子无论去了何处，当抿上一口茶，那清醇的味道就将他带去远方的故乡。

《茶界中国》是堪称为茶文化使者的一次万里茶道之旅，是一次具有当代意义的丝绸之路之旅。现在，出品方将这部纪录片结集，以图文并茂的图书方式出版，将会把《茶界中国》的文化意义、经济意义传播得更为广远。

第十集结尾一段话让我印象很深：国有界，茶无界。有界与无界间，沁满全世界的口感，是属于中国的味道。

是为序。

文／刘伟

（本文作者系原光明日报副总编辑、
北京师范大学新闻传播学院院长）

〰〰〰

茶，改变着世界的认知。东方，是茶最初的起点。源于口感的体验，茶人们对茶叶所带来的奇妙感受，迷恋追随。

中国，茶叶种植面积居世界首位的原产国。茶叶带来的口感，从这里漂洋过海，沁润着整个世界的嘴唇。

五指山下，宝岛台湾，雪域高原，西子湖畔，亚洲欧洲非洲，……所有所有的原产地，被彻底唤醒了。

第一章

✳

口感的
追随

壹

追寻本真原味

正山小种

东经117°，北纬27°，中国茶叶最具标志性的原产地之一，武夷山桐木村。参天大树，苔藓毛竹，让这里成为自然保护区。因为自然环境受到保护，这里近乎原始状态，参天大树和低矮灌木相映成趣，水流之上，木桥的两侧布满苔藓，毛竹林躲在雾中，若隐若现。这里被称作"鸟的天堂""蛇的王国"，但真正为桐木村带来盛名的，却是茶叶。

作为茶的源头，桐木村颇具盛名。这里是全世界第一款红茶——正山小种的唯一原产地。而海拔1500的麻粟是桐木村高点上的最高点，原产地中的原产地。独特的原产地，孕育独特的茶树，也孕育独特的人与物。

麻粟，1200亩茶山，有60多口人，这里世外桃源般的生活，缓慢而悠远。茶人陈必芳从小生活在这片原产地中。简单的早餐之后，陈必芳打算进入大山深处去寻找一种特殊的木材——油松，那是制作正山小种的独门秘籍。

* 桐木村采茶

* 桐木村小溪流水

油松，属松科针叶常绿乔木。拔地而起30米，相当于现代居住楼房十

* 新芽

---

* 正山小种茶园

层的高度，传统正山小种独一无二的口感，就隐藏其中。在茶人的眼中，这种松木是制作传统工艺正山小种必不可少的一道独门秘籍。正山小种最具代表性的松烟香，就藏在这样的木材中，想要做出最为精到的好茶，成就最一流的口感，油松不可或缺。但桐木村已经被划为国家级自然生态保护区，区内的松树禁止砍伐。曾经的伐木取材，逐渐被世人淡忘。用来熏制传统正山小种的松木，一律要从保护区外运来。

然而讲究的老茶人对熏制正山小种的松柴挑选极为讲究，大多选用本地所产的含松脂较多的松树心或者根部。他们坚信，只有这样的木材，才能让茶叶呈现出珍贵的松脂香，同时再包含一丝沁人的蜜香。那种正宗的味道，犹如与生俱来的贵族血统，绝非单纯的松烟香可比。

自身的环保意识和山场的规定，让陈必芳必须走到山场的更深处去寻找一些枯死的松木。多年的山中生活，让他熟悉这里的一草一木，但要找到品质最好，最为适合的油松，仍不是一件轻松的事。深山中，枯残朽木的遗骸零星散落，陈必芳和儿子犹如探宝寻参。刀口削去枯死的树皮，除去腐烂的部分，留下完好的部分。陈必芳和儿子看着眼前的松木，这是他们一整天的收获。面对即将到来的茶季，他知道，这不过是个开始。

原始劳作的画面，仿佛一辈辈先人们身影的重现。无论外界对正山小种有着怎样的区域划分。在当地人看来，唯有桐木村所产，用传统工艺制作出的，具备"松烟香，桂圆味"的红茶，才能被称作为"正山小种"。而那些在桐木之外，武夷山其它范围内所产的无烟红茶，则被叫作"小种红茶"。至于那些更远的，在武夷山地区以外的红茶，仅被称作"工夫红茶"。

琥珀色，松烟香，桂圆味，这是判断一流正山小种的唯一标准。只有出自这一片原产地，用传统工艺制作出的红茶，才能被称作真正的"正山小种"。这份大自然偏心的礼物，是桐木村专属的味道。"正山"的名号，代表着原产地的权威性。

曾经的伐木取材，逐渐被世人淡忘。而正宗的口感，是一种高贵的血统。

渴望最好的茶树，最好的松木，陈必芳寻找的身影，从未停歇。麻粟的植被，由阔叶与毛竹组成。野放生长的老树，是正山小种一流口感的原材料。乱石泥土，散落根生，这是老茶树生长的环境，正契合了《茶经》中"上者生烂石"的说法。

正山小种的鲜叶采摘极为讲究，一芽两叶或三叶是正山小种的标准。不同的鲜叶，是不同口感的雏形。有了珍贵的松木，也一定要配上，最珍贵的茶青，一切皆来自地孕天养。在陈必芳看来，这是他一年之中做出完美口感唯一的机会。

最珍贵的松木，配上最珍贵的鲜叶，在一个茶人的眼里，是制作出正山小种绝妙口感的必需条件。

* 正山小种的制作视频

麻粟山中的茶青开始萎凋，一年一次的制茶，是陈必芳最全神贯注的时刻。尽管拥有了一流松木和一流鲜叶，但能否做出松烟香，桂圆味的正山小种？一切，仍是未知数。

这是火的艺术。松木燃烧中，低温高温间的完美控制来自于茶人多年经验。这是木和火的较量，更是人与茶的涅槃。热气与松烟，顺着楼层的砖缝中喷薄而出，烘烤着架子上层层水筛里的茶叶。要成为具备松烟香，桂圆味的正山小种，必须经历如此的蜕变，茶青体内的味道才能彻底激活。这过程如同八卦炉内巽风之位，茶叶经历了烟熏火燎，这样灾难性的劫数却练就出正山小种的火眼金睛。

归拢茶青，挥发40%水分，这是最佳的揉捻时间。鲜叶绿色逐渐变暗，叶脉即便扭曲，却也完好。与手工揉捻相比，机器让条索更为紧结均匀。也正因如此，正山小种的传统工艺，唯独这一个环节，被机器替代。

独一无二的工艺造就独一无二的口感。独特的松烟香，桂圆味正是来自于烟气中的长叶烯成分，配合茶叶自身极好的吸附性，味觉体验才能达到极致。

人与茶，脱胎临界，木与火，灿烂涅槃。茶人坚守传统，毕生敬畏自然。

竹灶烟轻香不变
石泉水活味愈新

——惊艳世界的正山小种传奇

　　茶的世界，乱花迷人眼，琳琅满目的茶出现在世人的面前，让味觉得到了极大的满足，也不断挑动了人们对于口感的追求。在红茶的大千世界里，"一地一工夫"早已成为茶人的共识，虽然它的品类并不繁多，可是丰富的口感依旧让初学者无所适从。无论是外观还是口感，不同原产地的红茶均有差异，辨识茶之特性，触类旁通地去体悟这个异彩纷呈的体系，乐在其中，味亦在其中。

红茶之宗，中国名片

　　在《世界茶行业词典》之中，有一个特殊的词条：BOHEA，它被翻译为"武夷茶"，所指的就是中国福建武夷山所出产的茶叶，因为在英国人眼中，那是世界上最好的红茶原产地。

　　小种红茶惊艳世人舌尖的时间可以追溯到很久以前。有人说它是因为明末时局动荡，北方军队驻扎在武夷山桐木关时，士兵将茶包当成了床垫，导致茶青全部变红。茶老板无奈之下将其揉捻、炒制，并且用当地盛产的马尾松烘烤，才得到了这种带着松脂香气，与绿茶形色相似但却香气完全不同的新茶。通过这样的偶然事件，桐木关也成为了红茶的发源地。而这个故事也记载于《中国茶经》上，自然也就成为了世代流传的红茶的起源。

关于红茶起源的确切时间，如今已无法考证，而明代初年的刘基却在他的著作《多能鄙事》中描写了"兰膏红茶"和"酥签红茶"的做法。《清代通史》之中，也记载了明崇祯十三年（1640年）之前，荷兰的东印度公司就已经将中国红茶销往欧洲，而这种贸易早在1610年就已经出现了，所以可以推断红茶的起源应该在明末，也就是1567~1610年之间。至少说明那个时候红茶就已经从武夷山逐渐传播到了世界各地，并得到了全世界的认可。这个时间与桐木关的传说时间大致相同，也互相印证其时间的确切性。

截至19世纪初，中国都是唯一的红茶产地。直到一个叫作罗伯特·福琼（Robert Fortune）的英国植物学家从武夷山窃取了茶树种子和树苗，并将制茶技术带到了印度，红茶的茶种和制作技术才开始逐渐扩散到世界各地。

和中国类似的地理和气候环境为印度红茶的发展提供了基础，被英国人培育出来的印度红茶很快就迅速成长，取代了中国红茶的市场地位。随后，斯里兰卡、印度尼西亚、肯尼亚等不同的国家也利用自己的种植环境开始了红茶业的发展，且都成为了当今世界著名的红茶产区之一。如今，世界主要的红茶产出国有十多个，遍布欧亚、非洲和南美洲，而且由于产地气候和工艺的区别，形成了各具特色的红茶产品与红茶文化。对于茶人来说，这是一道丰富的盛宴，也是让口感获得极大满足的广阔天地。但不管如何比较，中国红茶是世界红茶之祖，正山小种又是中国红茶之宗，这一点是毋庸置疑的。

在正山小种诞生之初，并没有得到当地茶农和茶人的认可。因为当时的人们都追逐着绿茶的口感，这让正山小种成为了当时茶界的另类。但谁也没想到，当地人不喜欢的茶，却成了荷兰、英国人眼中的极品，所以在很长一段时间内红茶基本都是外销。"武夷山有一大怪，正山小种国外卖"的俗语也因此而来。随着外销的红火，武夷红茶的产量和种植区域也开始扩大，武夷山周边和福建其他茶区，乃至江西的部分茶区都出现了仿制的正山小种，但因为品质的差别，才有了"正山"和"外山"的区别。

　　所谓的"正山"，在《中国茶经》中定义为"真正的高山地区产出"，所界定范围包括以庙湾、江敦为中心，北到江西铅山石陇，南到武夷山曹墩百叶坪，东到武夷山大安村，西到光泽司前、干坑，西南到邵武观音坑。而所谓的"外山"则是指政和、屏南、古田、沙县以及江西铅山等地所制的小种红茶，这类茶叶统称为"人工小种"或者"烟小种"，用以和福建崇安县星村乡桐木关等地的"正山"产区小种红茶加以区别。

　　正山小种的兴盛与生产工艺的传播，演化出了中国工夫红茶，福建的工夫红茶包括政和工夫、坦洋工夫、白琳工夫等，继而又出现了祁红、宁红、宜红、滇红、英红、湖红、越红和苏红。

惊艳世界，搅动风云

×

　　在福建方言里，正山小种被叫作"Lapsang Souchong"，这个名称也通过国外茶商随着茶叶传到了国外。17世纪，正山小种登陆英国，以其独特的桂圆香气和醇厚的滋味深受王公贵族的喜爱，成为上流社会的一种奢侈品。这一切都得益于嫁给英国国王查理二世的葡萄牙公主凯瑟琳（Catherine），因为她的展示，英国宫廷和贵族之中掀起了一股饮用红茶的风气，喝红茶也成为一种风尚。随后安妮女王倡导的以茶代酒，更推动了皇室贵族饮用中国红茶的风潮，尤其是19世纪40年代裴德福（Bedford）公爵夫人安娜公主所引导的下午茶，更开创了英国人的生活方式。

　　经过三百多年的时光锤炼，英国的红茶文化越来越丰富，并且推动了全世界红茶文化的发展，让英式红茶成为了西方红茶世界的主流。而与此同时，18世纪初的中国晋商也抓住了中俄签订《恰克图界约》的商机，开辟出了一条以武夷山下梅村为起点，以当时俄国恰克图为终点的"万里茶叶之路"，这条运茶路长达5150公里，让红茶进入到了俄罗斯人的生活之中，成为了他们的生活方式。

　　欧洲大陆之上，正山小种掀起的品茶风潮为英国和中国带来了巨大的财富，而财富的背后却也引发了利益纠纷，"英荷战争"的战火也就此爆发。在这场战争之中，英国赢得了最终的胜利，并逐渐垄断了茶叶贸易的专营权，其中也包括当时美国的茶叶贸易。到17世纪末，美国波士顿事件爆发，反英茶党将东印度公司运来的茶叶倾倒进波士顿港口，各地也纷纷成立抗茶会进行响应，从而拉开了美国独立战争的序幕。

虽然中国作为正山小种的原产地，一直以来都受到英国的尊重，但进口红茶数量巨大，导致中国和英国之间的贸易逆差巨大，这也让英国政府非常不甘。为了扭转这一境况，英国人开始向中国输入毒品鸦片，这一举动给中国人民造成了深重的灾难，引起了中国社会的巨变，虎门销烟的浓烟也因此点燃了鸦片战争的导火索。而鸦片战争的痛苦还未消散，英国植物学家罗伯特·福琼就将武夷山采集的茶树种子和树苗带上了去印度加尔各答的航船，从此茶种在喜马拉雅山脉生根发芽，生息繁衍，进而传播到全世界。印度锡兰红茶作为后起之秀，和中国正山小种一起争夺市场，也是导致中国红茶在国外由盛而衰的原因之一。

民国时期，武夷山红茶跌入到了谷底，在世界茶叶市场之中几乎没有了立足之地。这种状况一直持续到新中国成立才有所恢复。

分级分类，方式标准

※

小种红茶在最初被称之为"乌茶"，也就是黑色的茶，所以后来的仿制茶也用"乌"来称呼，而世界三大高香红茶之一的祁门工夫红茶，在最初也被称为乌龙或者祁门乌龙，这也是因为茶叶条索呈现出乌褐色。直至后来，人们才根据茶汤的色泽，将这类茶叶的称呼变得更加规范，出现小种红茶和祁门红茶的称呼。

根据茶和茶汤的色泽来分类，是我国茶叶基本分类的惯常标准，相对于其他的品质因素，这种分类方式更可以直接体现出茶叶的本质特性，而且更加直观，易于描述和传播。之前的乌龙、乌茶等称呼都很容易把红茶和真正的乌龙茶混淆在一起。根据相应的制作工艺来分类，也是区别每个茶类的重要方式，使用红茶的制作工艺加工而成的自然是红茶，成品红茶呈现出的外观、汤色特征，让它和绿茶工艺制作出来的绿茶干茶有明显区别，而这种区别正是在加工过程之中形成的。按照这个标准，中国茶叶基本分为绿茶、黄茶、白茶、青茶（乌龙茶）、红茶和黑茶六大类。

在六大类茶叶的加工工艺中，除了绿茶不需要发酵这道工序，其他的

* 台湾东方美人
　　茶田　　* 日照茶园

* 肯尼亚茶园　* 龙井茶田

五大类都需要涉及到发酵。所以根据发酵的程度不同，也可以将茶叶分为不发酵、微发酵、轻发酵、半发酵、全发酵和后发酵，正好契合了六大类茶叶。其中绿茶为不发酵茶，黄茶为微发酵茶（发酵程度10%~20%），白茶为轻发酵茶（发酵程度20%~30%），青茶为半发酵茶（发酵程度30%~60%），红茶为全发酵茶（发酵程度80%~90%），黑茶为后发酵茶（发酵程度90%以上）。

在六大类茶叶之外，红茶的分类体系也很复杂，根据产地、制作工艺和口感的不同，可以发展出多种分类方式，因此至今在国内外都没有一个统一完善的红茶分类体系。茶人也只有在不断的品鉴和感受之中，去体味不同红茶的区别。

按照红茶的产地国别，红茶可以分为两大类，也就是中国红茶和国外红茶，而国外红茶包括印度红茶、斯里兰卡红茶、肯尼亚红茶等。

按照红茶的口味区分，可以分为原味红茶和调味红茶两大类。原味红茶保留了红茶原有的香气和味道，没有添加茶叶之外的香料与花果，它又可以分为产地茶和拼配茶。产地茶是指红茶产自单一的产区，具有产地所独有的特色，不同产地的茶会显得风格迥异。而拼配茶则是将不同品质的红茶按照比例进行拼配，选取各个产地的优势进行加工，这样可以改善茶的香气、口感与茶汤的颜色，让它更加符合大众的口味，有利于茶叶的商品化和推广，国外有很多的袋泡红茶就是这种类型。

与原味红茶相对应的调味红茶是经过了熏香过程，让花果香气进入到红茶之中，或者是在红茶里加入了香料、花果，让茶的滋味变得更加香醇。这种茶有熏香茶和风味调和茶之分，熏香茶是将水果、花香或者香料的香气通过工艺熏入，而风味调和茶则是通过调茶师的精心调配，以一种或者几种不同的红茶作为底料，搭配水果、花朵、香料，让红茶呈现出创新的口感与特色，这也是很多国外品牌红茶采取的方法。

按照红茶的叶片大小，红茶还可以分为大叶种红茶、中叶种红茶和小叶种红茶三种。印度阿萨姆红茶和中国滇红是大叶种红茶的代表，而祁门红茶则是中叶种红茶中的佼佼者，小叶种红茶之中最典型的便是中国的正山小种与印度的大吉岭红茶。

按照叶片的外形完整程度，红茶又可以分为条形茶和碎形茶。条形茶在制作的过程中经过了揉捻，保持了叶片完整，中国的小种红茶和工夫红茶都是这种类型。而碎形茶则是经过了切、撕等工序，让茶叶成为碎片或者颗粒状，袋泡红茶便属于此类。

在红茶的等级划分上，中国和国外的侧重点有所不同。中国红茶的分级采取自行颁发的标准，根据产地、产品差异有许多特殊的规定。我们的红茶等级划分综合了从内到外的指标，而国外则是以原料茶叶的采摘部位以及成茶的条形大小作为综合标准。这种情况导致了一种现象，国外的红茶可以看等级栏中的英文字母，就知道红茶鲜叶采摘的部位、形态，以及冲泡时间等量化标准。但中国红茶则不会在包装上标明等级，虽然有些包装有特级、一级的字样，却依旧不能直观判断包装之中的红茶品质高低，仍需要买茶人的经验去判断。

要想掌握中国红茶等级的具体标准，明白"条索紧结""色泽乌润""滋味醇厚"等到底是什么感觉，就需要大量的实践和学习品鉴。2012年12月，国家质量监督检验检疫局发布了正山小种各等级感官品质要求，其中特级正山小种要求外形条索壮实紧结、整碎匀齐、色泽乌黑油润，内质方面要求香气纯正高长，有明显的桂圆干香或者松烟香，汤色橙红明亮，叶底较软，有古铜色。一级正山小种要求外形条索壮实、整碎匀齐、色泽乌润，内质方面要求香气纯正，有桂园干香，汤色橙红尚亮，叶底古铜色稍暗。二级正山小种要求外形条索稍粗实、整碎匀整，有茎梗，色泽欠乌润，内质方面要求有稍淡的松烟香，汤色橙红欠亮，叶底粗硬，铜色而稍暗。

对于烟小种，国家标准化委员会也有明确要求。特级茶要求条索紧细、整碎匀整、色泽乌黑，内质方面有浓长松烟香，滋味醇和尚爽，汤色红艳明亮。一级茶要求条索紧结，较为匀整，稍含嫩茎，色泽稍润，内质方面有松烟香，滋味醇和，汤色红而尚亮。二级茶要求条索尚紧结，尚匀整，稍有茎梗，色泽欠润，内质方面有稍淡的松烟香，汤色欠亮。但所有的这些标准与要求，都不是一个量化的标准，而是需要茶人通过自己的感受去甄别、检验。

源自中国的红茶，在世人的舌尖起舞，引导着追寻口感的人们几个世纪都停不下脚步。从原产地孕育的茶香，播撒到世界每个角落，而最真的本味也因此焕发出了不同的光彩，让人迷醉、沉静。人与茶，在口感的追逐中感受着自然的味道，让味觉不断触摸极致，缔造传奇。

贰

时间沉淀真醇

原产地
探秘

海南：白沙绿茶

✳

时间沉淀下茶叶昨天的故事。在中国南部，海浪正唤醒一年之中最早的茶香。

这是对采摘时间最为敏感的茶叶——白沙绿茶的原产地，海南五指山，这里全年暖热，雨量丰沛，因此茶树有着极快的生长速度，和长达半年的充足的采摘期。

作为每年最早上市的茶叶，每年还未等到其他春茶的出芽，海南茶就已经上市了。自然的杰作，让这片原产地，成为"天赐茶园"。茶季里，茶农林树深和妻子的身影，总是和阳光一同出现在茶园。

肩上竹筐，胯下摩托，双手，鲜叶，男人与女人茶园里的忙碌。如此场景，60岁的林树深，已经整整重复了30个年头。而茶青的价格，也从当初每斤两毛钱，涨到了现在的五块钱。像老林这样的茶农，在海南有许

* 海南茶园

* 白沙绿茶

多。雨季从五月延续至十月，以茶为生的人们需要在这六个月中赚足一整年的生活费用。

车辆将鲜叶运抵制茶工厂，统一加工。这省去了茶农们不少麻烦。可以静静等待成品茶的输出完成。

当茶园入夜，茶叶加工厂中，正如火如茶。称重、挑拣、摊晾，脱水、干燥后，嫩芽成形。今天，人们早已告别了昨天低效率，专业化的机械已经彻底替代了手工的制作。标准化的口感需求与机械化的快节奏，让质量与速度如同两条平行线，并行不悖。

大型车间里，流程化的机器运转，揉捻与烘焙，让茶青经历一次次蜕变，成就出中国最南部原产地的绿茶——白沙。白沙绿茶是海南茶的代表，在它的口感体验中，既有中小叶品种的清高香气，又不失大叶品种的浓醇滋味。

台湾：东方美人

✳

中国红茶的口感，世界风靡。而另一种唇齿间温润的体验，更令曾经的维多利亚女王为之倾倒，那是"东方美人"带来的口感体验。

台湾，名茶"东方美人"的原产地。这是茶人徐耀良家中，祖传三代的茶园。多雾潮湿，温暖背风，天造地设的生态环境，是孕育东方美人的先天基因。然而仅有这些，是远远不够的。

茶的味道，究竟有多少种可能？被维多利亚女王赐名"美人"的茶，又有着怎样的前世今生？

✳ 茶人徐耀良

✳ 东方美人采茶

东方美人，台湾独有的名茶，因白毫显著，被称为白毫乌龙茶中的极品。这是半发酵青茶类中，发酵程度最重的茶品。茶身白、青、红、黄、褐，五色相间，宛若鲜花，茶面纤细的银毛层层闪烁。

东方美人相较于其他乌龙茶，汤色更浓，明澈鲜丽，犹如琥珀。天然蜜味与熟果香气交织重叠，入喉之际，甘润香醇，口齿生津。

东方美人口感的秘密，就隐藏在最微小的生命里。仅有芝麻大小的昆虫，茶叶是它的美味，昆虫在茶园里不经意的觅食，触碰到的是东方美人的生命密码。小绿叶蝉，以叮咬茶树的幼芽为食，微观世界中的饕餮盛宴正是东方美人熟果与蜜香口感的神奇源头。小绿叶蝉对环境极为挑剔，茶园绝不可有农药和污染。

科技催生出智慧，东方美人的制作已超越传统。利用改良制作的电动式晒茶场，控制日晒程度。茶青烘干后，独特的"中国功夫"技法已然呈现。以布包裹球状，双手揉捻茶叶，促使茶形为半发酵半球状，被称作"热团揉"。

东方美人成茶条索紧节整齐，叶片卷曲如虾，入水提香，茶味浓、醇、鲜、爽。

东方的口感，美人的味道。这是属于原产地中，一款名茶的自信。

杭州：狮峰龙井

✳

久负盛名的风景中，有着久负盛名的茶叶。

龙井，是地名，亦是茶名。

龙井狮峰山，是最著名的绿茶原产地。核心原产地的龙井，狮峰所产为上品。来自西湖之外的龙井茶，仅能被称做"浙江龙井"。

由于鲜叶中叶黄素高于叶绿素，成茶后天然嫩黄的"糙米色"，是特级狮峰龙井品质的重要标示。优质的龙井干茶色泽，黄绿两色浑然天成，如中国水墨画一般浓淡相宜。

文人给予龙井茶"香郁若兰"的赞许。而一股"油煎蚕豆瓣香"，则是茶农们平实无华的说法。

* 龙井鲜茶

* 龙井虾仁

　　杭州西湖区，背靠灵隐山，东与梅家坞一山之隔的大清村，是优质龙井的原产地。茶人蔡国华从小生活在这里。手工制作龙井，是蔡国华每一个茶季都坚持要做的事情。区别于其他茶类，绿茶无需萎凋，只需直接高温杀青。杀青过程中，抖、搭、甩、抓等数十种不断变换的炒制手法。唯有熟练掌握，方能成就茶的色香味形俱佳。

　　机器与手工的制作，尽管普通饮茶者难以分辨，但经验老到的蔡国华却深知这方寸间口感的微小差异。如同手工劳作和现代科技的对话，印记着文明的冰冷机器终究无法替代掌心，去呈现出龙井那一丝独有的"豆瓣香气"。

　　狮峰龙井鲜叶的采摘十分讲究，每叶采摘时仅取茶树芽尖，亦称"两叶一芯"，早、勤、嫩，是采摘龙井茶的三大特点。对于鲜叶的采摘，蔡国华丝毫不敢大意，在繁忙的茶季里，他会对茶农们采摘的鲜叶进行统一管理和收购，然后再统一制茶，这让茶农免去了很多不必要的烦恼与困惑。

　　人们对茶的追随，源于口感，却又超越了口感。茶叶的张扬与内敛，让人们对于口感的追随充满着智慧的搭配。茶叶入菜，又是一种全新的味觉体验。龙井茶，在主角与配角间的自如转化，风味的调剂，营养的升华，打造出熠熠生辉的江南名菜，龙井虾仁。

龙井茶原产地的历史，就是龙井人滋味的故事。

西藏：甘露之海

✳

距离江南4000公里之外，雅鲁藏布江大峡谷，用世界之最的深度，成为全球陆地垂直地貌落差最大的地带。

林芝易贡茶场，是西藏唯一的高原茶场，也是中国茶叶最西部的原产地。

打一壶酥油茶，是44岁的普布曲珍每天早晨的第一件事。

这是茶场新制的砖茶品种，口感浓烈。

酥油，食盐，浓茶，融为一体。御寒暖胃，生津止渴。这是藏民独有的特色饮料，也是他们生活的必需品。

雪山脚下，易贡茶场，这处海拔高达2200米的茶叶原产地，却是林芝海拔最低的地区之一。

气候变化的巨大差异，让冰川融水情理之中地顺势而下，却又意料之外为茶叶的生长，提供了优质的天然环境。

20世纪60年代，出于西藏军区生产部的调配，新疆兵团中的大批骨干扎根这里，军人用双手开垦荒地，形成了今天这处最西部的茶园。

五月，当华东江南，岭南闽北的收茶期即将结束时。这里，关于茶叶的神奇演变才初露端倪。

珍贵的原产地中，茶叶的原材料尤显不易。女人们采摘鲜叶，在她们看来，这是游牧民族的生命之饮。

这些来自雪域高原的茶叶，告别枝干后，将重新焕发生机，展示出属于一片茶叶魔幻般脱胎换骨的过程。在这个过程中布满时间创痕，也饱含着生长能量。

渥堆发酵的过程，是活性转化的过程。结构复杂精巧的生物催化剂，酶，展开奇妙的化学反应。蛋白酶催化蛋白质，水解生成氨基酸，成为对人体有益的营养物质。茶多酚和咖啡碱，将转化为茶黄素和茶红素。黑茶的口感因此甘醇，提升香气。

黑茶的发酵过程讲究温度，湿度，匀度。不时地翻堆，让一切更加均匀、完全。

黑茶为原料，高温高压蒸制。蒸软的茶叶，趁热倒入木制的架上压包，这是体力与技术的合作。机器重物自身的重力，反复在编制好的茶叶筐中击打。力与力的碰撞后，黑茶成型。

此后，漫长的风干晾晒，日光中的紫外线，将彻底蒸发掉所有的水分。

在藏族的文献中，黑茶被称为甘露之海。

高寒缺氧、蔬菜水果匮乏，黑茶为人们分解油腻，补充维生素。

而这项古老的中国工艺，已流传有千百年之久。

* 西藏茶田

* 东方美人茶田

* 东方美人晾晒

玉杵和云春素月
金刀带雨剪黄芽

——优质红茶产地

茶的品质和产地气候、地理条件有密不可分的联系，中国红茶根植于中华大地，又因它多变的地理土质而呈现出了千姿百态的味觉口感。一地一工夫，一地也有一道味觉盛宴。

福建：金骏眉

历史悠久的正山小种享誉国内外，它创造了中国茶叶的世界传奇，也让中国的红茶成为国际茶叶市场之中炙手可热的奢侈品。可是与绿茶、普洱等茶叶相比，红茶之中却一直缺少一款顶级产品来领导市场。在大家的期盼之下，金骏眉应运而生。

金骏眉诞生于2005年，是正山茶业的创始人、正山小种第24代传人江元勋和茶厂的制茶师傅梁骏德一起研发出来的。这种茶采用了鲜嫩的芽头来试制，茶汤金黄透亮、香气浓郁。经过反复的选择和对采摘时间、制作工艺的改良，2006年金骏眉基本定型，并且少量上市。至2007年，这款茶叶已经成为中国红茶之中的佼佼者，备受追捧。

* 五指山

　　作为福建名茶，金骏眉让中国红茶拥有了一款高端顶级产品，也让传统的工夫红茶看到了中国茶人对于红茶的热爱，红茶市场也就此开始升温。顺应天时地利人和，金骏眉的诞生绝非一个偶然事件。而它的名字也蕴含了特殊的深厚含义，所谓的"金"，是指金骏眉的茶汤金黄，干茶黄黑相间，也是指金骏眉以芽头作为原料，制造一斤茶需要七八万颗芽头，原料金贵。而所谓的"骏"则是指干茶的形状就像海马一样，而"眉"则是指它的茶芽形似眉毛。

　　在高山峻岭的武夷山自然保护区，金骏眉获得了优良生态环境所赋予的独特品质，它系出名门、天生贵胄，是茶中不可多得的珍品。

　　特级金骏眉条索紧结纤细，圆而挺直，稍有弯曲。绒毛密布，身骨重，没有断碎和茶梗。茶汤的色泽均匀油润，金黄黑相间，乌中透黄、带有光泽。干茶香气清香，热汤香气清爽纯正，有"山韵"，冷汤清和优雅，香气清高持久。冲饮金骏眉时，以沸水、快水冲泡，可以连续冲泡12~13次，汤色依旧金黄华贵，有余味余香，而且10泡之内都是茶的精华。

广西：凌云金毫

※

虽然中国广西有非常悠久的产茶历史，甚至可以追溯到唐朝之前，但在20世纪60年代之前，广西所产的茶主要为绿茶和六堡茶、桂花茶。中国茶人和世界茶人的口感追求有明显不同，这也让广西的工夫红茶一度处于不被国人重视的尴尬境地。但随着红茶越来越获得世界茶人的追捧，广西红茶逐渐出口到了苏联和东欧多个国家，红茶产量开始供不应求。

红碎茶是广西红茶之中外销最多的品类，从1965年试制成功，到1974年，广西已经成为红碎茶的主要生产基地。产区也进一步扩大，采用旧茶园改造，新茶园开辟，使用先进的现代制茶技术与设备等措施，不断提升红碎茶的茶量。到80年代，广西红碎茶达到了出口和产量的巅峰。

通过红碎茶赢得了国际茶市场的认可之后，广西红茶针对国际高端市场对于高端红茶的需求，又在凌云地区开发出了高端红茶——凌云白毫，自1996年试制成功并出口海外，凌云白毫立刻受到了欧洲国家茶人的认可，被誉为世界第四大高香红茶。

凌云地区作为广西红茶的主要产地，在20世纪70年代初就已经享誉海内外。这里所生产的红碎茶金毫显露、香气馥郁，所以经常被用来作为其他大叶种红碎茶的调配，以提高整体的品质水平。凌云金毫和凌云红螺是凌云红茶之中的代表作，两款红茶分别采用了一芽和一叶一芽来制作，具有独特的甘、艳、芳的特色，是红茶爱好者无法拒绝的绝佳口感。

安徽：祁门红茶

※

祁门工夫红茶产自于安徽，关于它的创始人和制作过程，有三个不同的版本与传说，分别是胡氏说、余氏说和陈氏说，而目前被大多数人认同的则是综合演绎的猜测。

胡氏说源于清朝的119号大清奏折，它记录："安徽改制红茶，权兴于祁、建，而实肇始于胡元龙。"胡元龙是祁门南乡贵溪人，咸丰年间他在贵溪开辟了五千亩荒山，种植茶树。光绪年间，因为绿茶的销路不畅，他便进行了改制，研究出了祁红的制造之法，其后又教导乡亲们一起制作。

余氏说来源于1937年出版的《祁红复兴计划》，这本书记载了1876年余干臣用高价收购茶农的茶叶，制造红茶，同时开设了红茶庄，红茶风气也自此开始逐渐席卷开来。

陈氏说始见于《杂记》一书，但是因为这本书现在已经失传，所以持此说者并不多。

胡氏说和余氏说的来源虽然不同，但是他们关于祁红创制的年份却相差不多，基本都在1875年前后，所以胡云龙的后人将二者的信息进行了综合，提出了自己的观点。更多的人认为余干臣建议祁门仿制红茶，而当地人都很守旧，所以没有人去做，只有胡云龙响应，并且创办了茶厂来试制红茶，这才促使祁红诞生。这个说法目前已经成为最受大家认可的祁红起源说法。

在民国时期，祁红还叫作祁山乌龙或者祁门乌龙。之所以这么叫，是因为祁红的产地主要在祁门（安徽东至、石台、贵溪和江西浮梁也有祁红在种植），所以根据它乌黑的色泽，人们便将祁门所产的红茶称之为乌龙，用以区别其他地区的红茶。

黄山山脉和武夷山山脉、天目山山脉共称为中国盛产名茶的三大山脉，祁门就位于黄山西脉，那里的自然环境非常优越，山峦起伏，河水奔涌，森林馥郁，植被茂密，是国家级生态示范区，当地的人们都说这里是"九山半水半分田，包括土地和庄园"。

除了优越的自然环境，祁门的气候特点也非常有利于茶树生长，茶区范围的光照、水分、温度、湿度等综合因素，都为茶树的生长提供了营养，为茶叶产量的提升和芽叶的发展提供了适宜的条件。更值得一提的是，祁门的土质肥沃，土壤主要是黄土和红土，酸度适中、透气性、透水性和保水性很优，这也是保障祁红品质不可或缺的重要因素。

"祁门香"最是独特，因为它似花、似果又似蜜，和大吉岭红茶、锡兰乌瓦红茶并列为世界三大高香红茶，有"群芳之最"的美誉。1915年，祁门红茶获得了巴拿马万国博览会金奖，1987年又走出国门，获得布鲁塞尔第26届世界优质食品评选会金奖。无数的荣誉见证着祁门红茶优异的品质，也赞誉着祁红稳定的制茶工艺。

* 茶厂流水线

* 新芽

鉴赏祁红可以从它的外在与内质入手，优质祁红的外形条索匀整、锋毫秀丽，色泽乌润。内质香气馥郁持久，有兰花香、果香，汤色明亮红艳，滋味甘鲜醇厚，叶底鲜红明亮。

江西：宁红工夫

✕

按照中国茶史的考证结果，在宋元时期，中国没有真正意义上的红茶。中国红茶的正式定型是在清朝年间，而宁红便是这一时间段诞生的红茶代表。清人叶瑞延所著的《纯蒲随笔》中记载，宁红起源于道光年间（1850），江西商人教导当地的少数民族制作了这款红茶。当地人更认为宁红是红茶最早的支系，诞生早于祁红九十年，所以有"先有宁红，后有祁红"的说法。

宁红的名称来源有不同的说法，其中一种认为宁红发源于江西修水县的漫江乡宁红村，所以因村名而得了茶名。另一种说法则认为宁红产自于分宁，分宁主产区在修水，而修水和武宁隶属于同一个县辖，所以得名宁红。

在中国茶叶史上，宁红曾经演绎过一段辉煌的历史。清朝时期，宁红是备受俄罗斯商人青睐的茶品，大量出口到俄罗斯之后，受到了贵族们的追捧，被誉为"茶盖中华，价高天下"。在之后的很长一段时间里，宁红都保持在出口巅峰，有超过千万吨的宁红进入市场，占据了江西省农业产业的一半。在中国红茶外销转港的香港口岸，甚至有"宁红不到庄，茶叶不开箱"的说法，可见宁红的火爆程度。

与其他红茶类似，宁红也曾经经历了一段时间的低落期，一直到在20世纪八九十年代才逐渐复兴，恢复出口。美国学者威廉·乌克斯所著《茶叶全书》中，对宁红大加赞美，他描述宁红为：外形美丽、紧结，色黑、水色鲜红，在拼和茶之中具有极高的价值。

除了常见的条形茶，宁红还有一种龙须茶，被称之为"杯底菊花掌上枪"，这是描述龙须茶的外形呈现出的束形，就好像身缠彩线似龙须。早年间出口的宁红茶都要在箱子上放一把龙须茶，作为一个彩头和标记。

优异的品质离不开产地独特的地理条件和气候条件，宁红的主要产区修水位于江西省西北部，北有幕阜山脉，南有九岭水脉，这里山林苍翠、土质肥沃、雨量充沛、气候温和，非常有利于茶树生长。

高品级的宁红外形条索均匀、修长，色泽乌润。内在品质方面香气香甜高长，汤色明亮，滋味甜醇，叶底明亮。品一杯上好的宁红，在回味之中感受中华红茶的魅力，定能透过它感触到岁月的味道。

* 采茶工

叁

香
传

世界茶味之韵

* 英式下午茶视频

英国本土不产茶叶，却是全世界人均饮茶最多的国家。对于茶，从一无所知到不可或缺，英国人仅仅用了不到一百年的时间。无论是贵族礼仪，还是时尚风潮。人们为茶付出金钱、时间，甚至战争冒险。

17世纪中叶，中国红茶第一次与西方相遇。英国国家肖像馆，尘封着时光密码。英国资深茶文化专家简·佩蒂格鲁(Jane Pettigrew)，正试图揭开这里与中国的联系。历史的画面，带着呼吸声，悄然醒来。

"这里是国家肖像艺术馆，这里有查理二世国王的画像。在经历一段时间的流亡之后，1660年，他回到英国，重新加冕。然而，我们要谈论的，并不是查理二世，而是他的妻子。

这是凯瑟琳（Catherine），查理二世的妻子，她是一位葡萄牙公主，家境非常富有。当来到英国举行婚礼的时候，她同时带来了一箱茶叶。当她把茶叶带进宫廷里为贵妇们冲泡的时候，她开创了新的潮流，并且从此开启了一段一直延续到今天的传奇故事。"

* 英式茶具	* 英国人品茶
* 伦敦茶餐厅	* 英式下午茶

那是中国茶叶在英国的第一次正式亮相。人们惊讶于从来未有过的全新体会，并渴望追随这种神奇的东方口感。茶，成为凯瑟琳平日里最大的安慰。中国茶，为整个英国的上流社会带来时尚的风潮，人们开始学着凯瑟琳的样子饮茶，并享受着彰显身份感的奢侈味道。

当时的欧洲，茶叶还是十分稀缺的奢侈品，即使是贵族也很难接触到。源于口感的享受，法国皇后玛丽·安东妮德（Queen Marie Antoinette）甚至派人潜入英国皇室窃取茶叶，这个荒诞又极端的行为，正是欧洲轰动一时的"茶叶盗窃案"。

在欧洲百年的时光中，中国红茶，包容了欧洲的牛奶、糖，甚至香料。中国茶的味道，彻底征服了西方人的味觉。今天的英国人，平均每天要喝掉三杯茶。而英国本身却不产茶，如今英国的红茶主要来自于非洲肯尼亚。

肯尼亚种茶的历史源于1903年，源自对中国茶叶口感的喜爱和依赖，英国人将茶树种植引进到肯尼亚。经过100多年的发展，目前肯尼亚茶树种植面积15.8万公顷，年产成品茶34.6万吨。如今，肯尼亚的茶叶产量占全球茶产量的7.6%，排名世界第三，这个产量仅是中国的六分之一，但肯尼亚庞大的茶叶贸易，却让这个非洲国家成为了全球最大的茶叶出口国，整整占据了全世界贸易的25%。茶叶，成为肯尼亚的命脉与支柱。

机制红碎茶是肯尼亚茶叶的主要产品。压碎，撕裂，卷曲，充分氧化，精确控制发酵时间，棕黑色的茶叶，通过机器烘干。这一整套的流程，来自1931年英国的引入。86年的时间里，肯尼亚传承这项工艺，并沿用至今，形成肯尼亚标志性的"红碎茶"。

红碎茶从非洲的原产地启程，落入另一处的茶杯，成为英国人生活的日常。

在英国人生活最重要的下午茶中，红茶，是永远的主角。

源于对中国茶叶口感的百年追随，欧洲的茶杯里，东方与西方相遇，中国和世界重逢。

兼然幽兴处
院里满茶烟

——世界红茶文化巡礼

一道茶韵从中华大地飘出，点染了世界的茶杯。诞生于中国的红茶文化在世界各地开花结果，它有着中式的意蕴精神，也有了别国的风土人情，它一直都在变化，而那份优雅从容却从未改变。和谐又多变，统一又各具特色，红茶已然成为国际茶文化中一道华丽的风景线。

英国红茶文化

英国是国际红茶文化的开创者，葡萄牙公主凯瑟琳和英王查理二世的婚礼上，公主频频举杯，向王公大臣致以敬意，她杯中那红色的液体引起了大家的好奇，也由此带动了英国上流社会饮茶的风气。这杯来自中国的红茶，以高贵的身份进入到英国，身价自然不菲，只有贵宾到访的时候，女主人才会打开放茶的箱柜，取出红茶与之分享。

红茶的出现也影响了英国的文学潮流，在17世纪后期，出现了很多追随英国喝茶风尚的作家和诗人，他们爱茶，同时也撰写文章来赞美茶、歌颂茶。这其中有一位叫做瓦力的诗人，曾经赋诗一首来赞美红茶，并将它献给

* 非洲茶人

了凯瑟琳皇后，为她祝寿，由此也开创了英国茶文学的先河。

　　经过三百多年的发展，英国茶文化也经历了不少的波折与争论，在19世纪40年代，维多利亚女王时代茶文化逐渐成形。皇室贵族和普通大众都钟爱红茶，让红茶成为英国人生活中不可缺少的部分。而当时的英国人每天固定有六七次饮茶时间，从早茶、早餐茶开始，还有11点钟茶、下午茶、高茶以及睡前茶。为了配合饮茶，他们还发展出了各种茶宴、花园茶会等活动，让饮茶蔚然成风，有了自己的形式感。因为喝茶，英国人有了很多传统习俗，譬如带有西方色彩的茶娘、喝茶时间、茶舞等，其中最为著名、影响最深远广泛的便是英式下午茶。

* 鲜叶
----
* 茶山

　　从早餐开始，英国人就不可缺少茶的相伴。传统的英式早餐非常讲究，不亚于任何一种西式大餐，所匹配的自然是香醇甘美的红茶，只有它才可以让整个早餐显得更加丰盛完美。早餐茶一般都是混合红茶，比较常见的是阿萨姆、锡兰和肯尼亚红茶混合拼配在一起。如果早餐茶之中加入了来自中的祁红，那便是极高的规格了。浓郁、强劲的英式早餐茶之中，还会加入一些牛奶、糖饮来作为冲调，以便它的口味更能满足英国人的口感。

　　下午茶是让英国茶人蜚声国际的饮茶方式，而它最早来源于法国。早在17世纪早期，巴黎就已经有了喝下午茶的习俗，只是不知道当时的法国人是否用红茶来作为下午茶。这种习俗进入到英国之后，英国人便在晚餐时间的高茶之前，加入了下午茶，而且不再是简单的饮茶，会佐以饼干、点心之类的配餐。

　　维多利亚女王时代，贝德福公爵夫人安娜让仆人在每天下午三四点为她预备点心，再配上一杯红茶。她还会邀请自己的女伴到古堡之中做客，和她们分享自己的下午茶时刻。这种形式很快就成为英国上流社会的一种时髦风尚，并逐渐在全世界范围传播开来。

下午四点是传统英式下午茶的时间，每天到了这一时刻，全英国似乎都弥漫着红茶的香气。不管是贵族还是平民，不管是办公室还是家庭，人们都会暂时停下手中的工作，去享受一杯浓郁的红茶。精美的骨瓷茶具，来自印度或中国的上等红茶，再配上一些奶或糖，就成为让人神往的英式下午茶。

除了饮用红茶之外，英式下午茶所配备的点心也有严格的要求。糖果、点心、菜肴要分别装进一个银制的托盘里。一般来说，托盘分为三层，底层会放上三明治、熏鱼、鱼子酱，第二层会放上果酱、奶酪，而上层则会放上蛋糕、糖果。在品尝的时候，需要从清淡口味开始，由咸及甜，也就是先从底层的三明治开始，然后是甜点，最后才是水果。

现在的英式下午茶虽然已经没有了那些繁复的礼节要求，但人们已经习惯了下午的茶会，并将它作为一种社交活动的载体。现代英式下午茶会要求环境优雅舒适，茶具精美华贵，茶叶精制高档，茶点丰盛美味，可以充分展示出主人的品位和悉心准备。在大部分人的生活中，高档次的茶会虽然不会出现，但人们还是习惯收藏一些红茶在家中，用自己心爱的瓷杯来泡上喜欢的红茶茶包，享受红茶带来的惬意时光。

印度红茶文化

✳

在印度，人们将茶叫作chai，它的读音来源于中国广东话里的茶，由此也可以看出印度茶和中国茶之间不可切断的关联。

18世纪，饮用红茶的风气风靡了整个英国，人们渴望获得来自中国的昂贵茶叶，东印度公司也加大了红茶的进口量，但是依旧无法满足英国人不断增长的需求。茶叶价格一直居高不下，让英国人怨声载道，再加上假冒伪劣和走私，让扰乱了红茶市场。在中国之外开辟一个新的红茶产区成为英国解决与中国贸易逆差的解决办法。为此，英国人特别设立了一个茶叶委员会，谋划从中国引进茶树和茶种。最终，在东印度公司的努力下，植物学家福琼从中国窃取了茶树树种，种植在印度阿萨姆的加瓦尔和库马翁，再通过从中国招募制茶工人，他们成功生产出了优质的红茶，并且掌握了红茶的采摘、制作技术。

在巨大利益的诱惑下，英国的商人纷纷在阿萨姆投资茶园，阿萨姆公司就在此背景之下成立，并且很快就成为印度最大的茶叶公司。经过不断的投资开发，印度的茶叶种植面积和产量迅猛提升，英国从印度进口茶叶的数量也逐渐超过了从中国的进口量，印度红茶代替中国红茶成为英国人的选择，中国红茶也从盛到衰，逐渐走入低谷。

印度有一句谚语："喝杯茶，享受人生"。这句谬语之中，道出了印度人生活中茶的重要性。虽然印度是世界上最大的红茶生产国，每年的茶叶产量位于世界前列，但其中大量的茶叶都在国内市场销售。据统计，印度人有80%都会每天喝茶，茶是印度人生活中不可缺少的重要组成部分。虽然它的人口仅次于中国，而且种族复杂，有20多种官方语言，但不管哪一种语言，都会有"chai"这个词存在。

在印度人的生活中，茶可谓是无处不在。出差旅行的时候，长途列车经过一夜的奔波，达到火车站的人们最需要的便是小贩们提供的一杯红茶。而在好莱坞电影之中也会有一些印度的茶俗，如果女孩和男孩唱起了情歌，唱出"母亲请你来我家喝茶"的时候，就意味着两个人的婚事已经获得了父母的允许。

印度不同茶区所生产的红茶特质也有所不同，饮茶习惯、方式也自然出现了差异。不管是在南方还是北方，印度人喝茶都很少清饮，加入糖、奶或者香料来调味红茶是最常见的饮用方式，所不同的只是加入糖的量多量少而已。

印度最著名的奶茶是玛萨拉，因为南北气候不同，奶茶的制作方式也有差异。北方的奶茶一般都是煮茶，先将牛奶倒入锅里，然后等它沸腾再加入红茶慢慢煮，之后加入糖，再进行过滤饮用。而到了南方，就会有非常有特色的"拉茶"了。在制作好奶茶之后，通过拉来拉去来不断作秀，将煮好的奶茶放进两个大的杯子里，从高处把茶来回对倒，拉得越长，奶和茶的混合就会越充分，起泡也就会越多，味道自然会更好。但事实上拉茶的目的只是因为南方天气炎热，需要不断互倒来降低奶茶的温度。

拉茶的制作方式被印度人带到了亚洲很多地方，有的甚至变成了形式大于内容的表演。拉茶者在表演的时候加入了很多高难度的动作，乃至于成为一个表演项目，至于奶茶的味道究竟如何，大家似乎已经不关心了。

法国红茶文化

※

在欧洲，法国人的人均饮茶量已经名列第四，其中喝红茶的最多。按照这种增长趋势，法国超过德国成为欧洲第三饮茶大国指日可待。

法国的茶消费量之所以不断增加，和越来越多的年轻人开始喜欢饮茶有极大的关系，茶文化正在改变着法国年轻人的观念与习惯。喝红茶的时候，法国人喜欢加入糖和牛奶，有些人还会加入柠檬汁、桔汁，甚至是威士忌酒，饮茶的同时他们也喜欢吃一些甜点与饼干。

和英国人喜欢在家里喝茶不一样，热情的法国人总是喜欢和家人、朋友一起喝茶，他们相约来到茶室、餐馆之中，一起享受热腾腾的茶汤。这种爱好直接推动了法国近代茶馆业的兴盛，据说现在法国的茶馆数量已经超过了餐饮店。虽然法国人的饮茶总量不及英国，但从巴黎的茶馆来看，数量早已超过了伦敦。

20世纪80年代初，中国著名作家老舍先生的话剧《茶馆》来到法国公演，它带来了中国的茶文化，并且征服了法国人，中式茶馆很快就遍布法国的大街小巷，而且模样宛如当初老北京时候的样子，充满了中国味道。

法国还有一些爱茶人士组成了茶道协会、茶文化俱乐部，成员们经常品茗交流，探讨茶文化，并且组织传授中国茶艺，中国绿茶、工夫红茶的冲泡方式对于他们来说已经没有什么难度了。

＊ 东方美人茶田

* 东方美人茶叶

　　因为自身的浪漫气质，法国人更能够领会中国茶在品饮过程中的精神层面感受，他们是欧洲国家之中最能体验到中国茶之神韵的国家。一边喝着中国茶，法国人也一边追求着茶中蕴含的神秘文化因素。正是因为这个原因，法国的茶文化比欧洲其他国家发端更早一些。

　　红茶进入欧洲的时候，基本都是以清饮的方式为主，而一个叫作德布里埃的侯爵夫人发明了在茶中加入牛奶的品饮方式，这种方式从法国传到英国，并且成为一种风尚。此外，法国人还发明了下午茶，它虽然没有在法国演化成为文化体系，但却深刻影响了英国人。法国大革命之后，仿效英国的生活方式一度成为法国的一种时尚，品饮红茶的方式也从英国回传到了法国。到20世纪初，下午茶也成为了法国人的最爱，只是它的形式和影响力远不及英式下午茶。

　　因为热爱茶，让法国人对于它的原产地中国有了更多的向往。很多法国人来到中国，就是希望考察茶产区、了解茶文化。口感引领着他们的脚步，不断向中国茶人学习、借鉴。随着中法文化交流的不断升温，中法茶文化交流在深度和广度上的扩大，中国的红茶文化也必将引领着法国红茶文化走入下一个发展阶段。

ᔓᔓᔓ

千百年古树，指引着最久远的源头。清明前的新芽，孕育出最鲜嫩的口感。

过去与现在相逢，古老和新生对话。

人，追随着古树，十年一日的梦想朝圣之旅。

茶，因人的召唤，跨越时光，历久弥新。

古树与新芽，滋味，让人和茶的宿命变得不朽。

第二章

✳

古树与

新芽

岁月之味

穿越千年的
古树茶韵

云南省双江县勐库镇，澜沧江小黑江交汇南北，北回归线横贯东西，这里是勐库大叶种茶的原产地，也是全世界茶树起源的中心地带。

祭拜茶祖神农，是生活在双江县各民族一年中最盛大的事情。图腾敬献，美酒佳茗，人们祈求风调雨顺，茶园常青。小龙女，拉祜族族长的女儿，今天是她回到家乡后的第一次祭拜茶祖。

小龙女几年前进城务工，曾经的都市生活，为她开阔了眼界。而家乡传统的农耕和古老的藤条茶一直是小龙女的牵挂，她渴望寻找到一条通往大山外的路：为自己，也为养在深闺人未识的古老茶树。

* 邦马野生古
　茶园风景

* 云南那蕉寨
　大山风景

小龙女的家乡，拉祜族那蕉寨，家家户户以茶为生，那里的百年茶树，比比皆是。那蕉寨属于高山区，1800米至2300米海拔，起伏落差，是孕育好茶得天独厚的地理环境。因此，拉祜族人种茶的历史由来已久，古老的藤条茶，在这里世代相传。年复一年，熟练的动作，鲜叶的采摘，是古树缘起的见证。

* 邦马大雪山古茶树

* 野生古茶园风景

那蕉寨地理位置偏僻，交通闭塞。茂密的植被，一丛丛的竹林如同一道道天然屏障，阻挡着人们对大雪山深处的探索。因此，隐藏在山中的古茶树群落，始终保持着与世隔绝的状态。山中的古茶树从发现至今，仅仅20年。1997年的一场大干旱，使得大雪山深处密集的植被逐渐干枯，天然的屏障出现了一些空隙，大量的古茶树才显露在人们面前。

十年前，在茶商云集的福建安溪，郑奕琳早已把家乡的茶叶卖到了全国各地。也就在那时，云南的古茶树，开始刺激到他敏锐的神经。出于对茶的狂热，让这个年轻人决定带着希望，远离故乡，寻根问祖般地去追寻茶叶最初的起点。

然而，现实和郑奕琳开了一次玩笑，来到云南，看到的与经历的都和他当初的设想完全不一样：古树所在的村寨山路崎岖，让郑奕琳吃尽了苦头；曾经梦寐以求的古茶树也被当地的人们在利益驱使下劈枝砍伐、拦腰截断，这样的摧残，被当地人称作"矮化"。

100多年的古茶树太高了，不方便采摘，产量也不高，所以很多都被当地的茶农进行了矮化。古茶树叶与矮化树茶叶，口感天壤之别。当人的味蕾愈加挑剔时，对茶的要求，也就愈加严苛。

那些令郑奕琳魂牵梦绕的古树茶，被称作"藤条茶"。藤条茶形如发辫，柔若藤蔓，条索清晰，芽绒闪光。这样的外形来源于它独特采摘方式：藤条茶的采摘除去茶树枝条顶端的新梢外，所有的侧枝，全部手工采净。这样周而复始，保持着最纯正的顶端优势。

藤条茶汤色透亮，滋味劲扬，具有独特的山野之气，回甘迅猛，唇舌间满满的香甜。遇水之后的藤条茶，风骨如柳。"会跳舞的古树茶"，是茶客们对它鲜活生动的形容。藤条茶的冲泡也有讲究：如果是一两年的新茶，水温还是不要过高，保持在90℃左右比较好；但如果是陈放三年以上的藤条茶，就需要用100℃的开水冲泡。

古茶树所遭遇的矮化令郑奕琳痛惜。出于对茶的敬畏，他渴望用自己的方式来保护古树。承包古树茶园，是郑奕琳最初的想法。然而，一切并没有他设想的那么顺利。对外乡人的戒备和少数民族的自我守护，使得合作之路充满了曲折。"外来的茶商会不会因为利益驱动，过度开采古树，从而破坏茶树生态。"这是小龙女最担心的事，然而她也希望能让自己家乡的

* 那焦寨古树藤条茶

好茶走出大山，走向更远的地方。在开始信任还不牢固的基础下，小龙女一直在自我矛盾、摇摆不定。

热闹的篝火晚会，纯粹的奔放，快乐与美酒，拉祜人欢歌载舞，民族与生俱来热情彻底点燃了夜晚。郑奕琳身在其中似乎显得格格不入，但为了忠于自己十年的梦想，为了能寻找到最好的古树，他必须接受暂时的尴尬，甚至误解。作为一个异乡人的身份，郑奕琳只能耐心等待大家的认可。而等待，是最具冒险精神的信任。

最终，郑奕琳的诚意逐渐打动拉祜族的人们，他开始尝试着承包古树茶园。在对待古树茶园的态度上，郑奕琳像拉祜族人一样，奉若神明。不图速成，但求长久。面对珍贵的古树原料，从采摘开始，每一步都必须严格。

古树藤条茶的绝妙口感，有着无穷的想象空间，却又充满着模糊的不确定性。郑奕琳打算用最好的制茶工艺，来将这些古树的新芽打造出一流口感。为此，他请来了最好的帮手，他的老父亲。郑奕琳的父亲毕生制茶，在福建安溪享有盛名。为了儿子的梦想，老人赶赴云南。宛若上阵的父子兵，两代茶人，让古树与新芽具备了情感的象征意义。

严苛的工艺，让古树茶叶焕发出更新的生命力。采摘，郑奕琳的要求比当地人更严格，"一芽两叶"是他的标准。萎凋，他的工艺更精细，将直接放在地上摊晾的粗放方式改为用家乡安溪引进过来的篾笆萎凋。杀青，在直径近一米的大铁锅中，鲜叶挥发掉大部分的水分，因为采摘时间的不同，杀青所需要的时间和火候也各不相同，父子两代茶人，凭借的是经验和感觉。揉捻，揉捻的过程，作用于破坏茶叶的细胞组织，从而更有利成型，有利冲泡。晒青，是最后的一道工序。阳光，令茶叶一点点干燥，这是大自然神奇的掌控。

严格控制制作流程，改良传统制茶的工艺，为古树的新芽带来了变化，那蕉寨古树茶的品质，开始飞速的提升。而郑奕琳异乡人的身份也逐渐被淡化。历经10年，为追寻古茶树而来到云南的郑奕琳终于融入了这片古茶树原产地。

茶，让人与人之间，开始相互认同。

* 古树藤条茶视频

邦马大雪山，野生古茶园，是郑奕琳追随这片原产地最初的动力。如同武侠小说中少林寺的三大神僧，这里也闭关修行着三位绝世茶祖。探访茶祖，是郑奕琳一直以来的梦想。终于，他有机会随着小龙女去参拜当地人奉为茶祖的三棵古茶树。

4小时徒步，3000米海拔，崎岖山路，朝圣之旅。从对古茶树的向往到亲眼目睹最顶峰的茶祖，郑奕琳走了整整十年。

古树，不言不语，注视着一个虔诚茶人心灵的膜拜。面对生长了2700多年的茶祖，郑奕琳有着无法言说的敬畏和向往。

如果把2700年历史的古茶树比作中国茶叶的童年。那么，它更接近蒙昧和野性，也更接近天空与神灵。

中国，云南，大雪山巅峰。浮现出古树最初的眉目，却也隐藏着原产地中，新芽的最后一片拼图。

古树擎天称王
林间携客烹茶

——惊艳世界的茶之始祖茶树王

作为普洱茶的主要产区，云南西双版纳、临沧、大理等地区分布着丰富的茶资源。这里的茶区主要在海拔1200米到2000米的山地，土壤为酸性红、黄土壤，有机质丰富，很适合茶树生长。这一地区热带、亚热带原始森林笼罩着茶树，让它们处于漫射光照条件下，再加上温润的气候，常年17℃左右的气温，年降雨量1500～1900毫米，让茶区终年都在云雾缭绕之下。所有这些自然条件，都为茶树茂盛生长提供了基础，茶多酚为主的内含物质含量丰富，水浸出物可以达到40%～45%，保证了普洱茶的卓越品质。

据统计，目前中国的古茶树有74株，其中有32株在云南。而在云南的数十个县境之中，都有发现树龄百年以上、处于野生状态的乔木型大叶种茶树。这些古茶树有野生型，也有栽培型和过渡型。它们根深叶茂，依靠丰沛的地力，形成了良好的生态，是普洱茶之珍，也是中国茶叶之根。

镇沅千家寨茶树王

✕

镇沅千家寨的千年茶树王，距今已经有2700多年的历史，是目前世界上已知的最古老的茶树。也就是说，公元前7世纪，春秋五霸在中原政治舞台上叱咤风云的时候，这棵茶树就已破土而出，默默生长了。这里的野生大茶树群落位于镇沅九甲乡千家寨的原始森林之中，这片森林处于哀牢山国家自然保护区，茶树群落有300公顷，地处于保护区北端10公里的哀牢山主脉西侧，南临海拔3169米的大磨岩主峰。

位于海拔2450米的千家寨1号古茶树，高度达到25.6米，树幅22米，树干直径1.2米，最低分枝高3.6米。2号古茶树树高19.5米，树幅16.5米，最低分枝高10米。结合千家寨古茶树的地理纬度、海拔高度、光温水湿等资源条件，进行类推测算，1号古茶树的树龄约2700年，2号古茶树的树龄约2500年，是迄今为止最古老的野生大茶树。它们的存在对于茶树原产地、茶树遗传多样性等方面的研究都具有重要意义。

1号、2号古茶树的叶片均为椭圆形，长度可达13～15厘米，宽度在5～6厘米间，叶面平滑，颜色为有光泽的深绿色，叶质厚而且硬，嫩枝均无毛。从形态来看，它们应该是野生型茶树，属于老黑茶。在同处于哀牢山脉的南华、楚雄、双柏、新平等邻近县，这样的茶树均有生长。

勐海巴达茶树王

✕

巴达茶树王位于勐海城西58公里的巴达茶山，也叫做贺松茶山。这里是澜沧江南一座重要的古老茶山，这里是茶叶的重要原产地，也是勐海县野生茶的主要生长地。这棵古茶树高达30米，号称"茶树巨无霸"，树龄1700多年。1967年，巴达茶树王的上部被风吹断，只留下14.7米的树高，即便如此它也是勐海野生茶中祖母级的代表。

巴达茶山常年云雾缭绕、雨量丰沛，近两万亩交错生长的新旧茶园在演绎着茶山历史，野生茶树群落和栽培型古茶园是这里的两大资源，在原始森林中野生茶树群落集中分布，约有6000亩，茶树多为大叶种。《中国茶经·茶史编》对巴达古茶树有详尽的记载："生长于勐海巴达乡贺松

* 新芽　　* 叶子
* 日本高山寺　* 日本高山寺茶园

寨大黑山原始森林中。树龄1700年。巴达茶树王，植株乔木型，树高14.7米，主干直径0.9米，树幅8.8米，叶片属于中叶型，叶型椭圆，色深绿有光泽，叶长11厘米，宽6～7厘米，叶脉7～8对，锯齿28对，叶间距离5厘米左右。叶姿上斜，叶柄较细，芽叶无毛，花朵呈黄白色，直径5.8～7.7厘米，花瓣11～14片，柱头5裂，萼片无毛。茶果呈梅花型，果皮厚，种子近球形，枝干灰白，生长势强。"

人们对于巴达茶树的崇拜就像崇敬神灵一般，大有"不看巴达茶树王，枉把巴达茶山访"之意。而现在的巴达茶山已经建成了优质的生态茶生产基地，近两万亩新旧茶园交错生长，年产量在400吨左右，名优茶玉丁香、女儿环更是名扬四海的极品茶。

* 皇茶园

澜沧邦崴茶树王

邦崴茶树王位于澜沧拉祜族自治县富东乡邦崴村旁海拔1880米的山坡上，树高12米，树幅7.8米，树姿雄伟壮观，是典型的乔木型大茶树。树干基部靠近地面处直径1.8米，离地40厘米处直径1.56米。离地1.8米处分出13枝支杆，直径9～31厘米不等。这些粗大的枝干构成了庞大的树体骨架，有些枝干还互相嵌合，形成了连环枝干。在距离主干2米处，有一段长3.7米、直径24厘米的侧根露出地面，表层土中生长着密集的吸收根群。如果没有这样强大的根系支撑树体和吸收养分，很难想象大茶树可以活到今天。

澜沧邦崴古茶树历经沧桑，但如今依旧枝叶茂盛。它的叶子是长椭圆形，叶尖渐尖，呈下垂状或偏向一方，叶缘锯齿形。平均叶长15.4厘米，叶宽6.8厘米，属于大叶类型。叶脉9～11对，主脉粗显，叶背主脉上多毛，叶肉茸毛稀短。

邦崴村原本为拉祜族聚居地，现为汉族和拉祜族杂居村。民族社会学界认为拉祜族源自古代羌人系统，3～10世纪由青藏高原陆续迁入云南，逐步定居下来，从事刀耕火种的原始农业。在没有明确文字记载的情况下，邦崴古茶树的树龄只能根据拉祜人的发展渊源，比照其他大茶树的树干标本进行分析推断。20世纪50年代初，云南省茶叶试验场曾经锯开一棵直径60厘米的大茶树树干横断面标本，根据标本现实的年轮纹路，树干半径1毫米为1年，据此推算树干基部直径1.8米的邦崴大茶树的树龄，再加上该茶树生长在1880米的高海拔地带，经过长期的采摘，所以推断邦崴大茶树的树龄为900～1000年。

邦崴大茶树为茶树原产于我国这一科学论断提供了有力证据，它的植物学特征和现代栽培茶树相似，并且具有一般栽培茶树的化学成分，据此认定邦崴大茶树为栽培型茶树。

贰

甘鲜是珍

茶味中的
谆谆祈祷

同一棵树的千年时光相比，人的岁月似乎显得微不足道。但对于一个家族的传承而言，时光，同样显得悠远。

蒙顶山，四川盆地边缘的雅安市名山县境内。"扬子江心水，蒙山顶上茶"，自大唐盛世开始，蒙顶山就因茶而闻名遐迩。高山云雾出好茶，常年多云多雾的蒙顶山，是中国优质茶叶的核心产区，好的茶叶加上好的炒茶技艺，成就了蒙顶山茶独有的好品质。

作为土生土长的蒙顶山人，种茶、采茶、制茶是张氏家族不变的传承。58岁的张跃华，出身于四川雅安蒙顶山南麓的制茶世家，12岁起便跟随父亲学习传统制茶手艺，他也是蒙顶传统制茶技艺的第五代传人。"万事诚为本，手艺莫欺心"的祖训让他40多年来勤恳事茶，即使在最艰难的时候，他也没有想过放弃。

晨曦雨露，蒙沫芽头，这是一年之中，张跃华最为忙碌的时候。制茶的老宅，居住过家族整整五代人，至今，已经历了一百多年风雨。

* 左：蒙顶山茶

　　鲜叶摊放

* 右：蒙顶山

　　百年老宅

* 老宅

* 手工制茶

今天，张跃华决定精心制作蒙顶山的代表绿茶——甘露，送给村子里的一对新人。

采摘回的鲜叶，在笸箩里摊放着，它们即将成为最新鲜的甘露绿茶。

"三青三揉一做型再烘焙"，这是祖辈们传下的制茶工艺。尽管，在他的制茶车间里，传统的工艺早已有机器代替，但张跃华明白，要做出甘露最好的口感，还是要依赖更为精细的老手艺。

三青三揉。青，即为杀青，将摊放后的鲜叶在灶火烧热的柴锅里进行炒制，目的是去除嫩叶里的水分。揉，是炒制后的鲜叶要用手进行揉捻，作为杀青后的辅助手段，是为了破损鲜叶的细胞壁，从而揉捻出茶叶多余的水分，便于挥发。

三青三揉后，新茶达到理想的形状。用木炭点火进行烘焙，很快，满室茶香四溢。

一座住了几代人的老屋，一灶从不曾被人熄灭的老柴火，一套传承五代人的制茶老手艺。茶在云里，雾里，手上，也在深山老茶人悠远的目光中。

* 蒙顶甘露视频

蜀土茶称圣
蒙山味独珍

——傲视五岳的蒙顶仙茶

　　四川除了峨眉山与青城山，横跨雅安、名山两县的蒙山也是闻名古今。这里有古刹林立，天盖寺、永兴寺、静居庵等，苍林红宇，绝壑飞泉，在幽美的风景之中孕育着相传古今的名茶。

　　蒙山海拔1500米，年均气温14～15℃，大部分土壤都是揉砂质壤土，土层深厚，具有益于茶树生长的自然条件。蒙山顶上有五峰，分别是上清、菱角、毗罗、井泉和甘露，它们顶天而立，代表着蒙山最高贵的气质。而其中上清峰海拔最高，俯视着峨眉诸山，如同君临天下。西汉年间，有普慧禅师来到蒙顶山，亲手在五峰之间中下了七株茶树，成为蒙山顶上茶的始祖。这七株茶树的植株高度都在一尺左右，两千年过去了，它们不枯也不长，就好像时间从未自它们身上流过一样，所以获得了"仙茶"之誉。

　　从西汉起，"扬子江心水，蒙山顶上茶"就一直是古今传颂的赞誉。唐宋时期，蒙顶茶一度号称天下第一。而到了明代，蒙顶茶的美名却逐渐消退，甚至完全被当时的人们忽视。关于蒙顶茶的没落，明代茶人许次纾在《茶疏》中给出了解释："古今论茶，必首蒙顶。蒙顶山，蜀雅州之山也，往常产，今不复有。即有之，彼中夷人专之，不复出山。蜀中尚不得，何能至中原、江南也。"其实，蜀地的茶逐渐退出上层社会精致茗茶的舞台是从宋朝开始，宋朝时，朝廷专注于江南、福建地区的贡茶，蜀地的茶不再作为贡茶，而蒙顶茶的名誉得以保留，还要感谢唐宋文人墨客，他们留下的大量歌颂蒙顶茶的诗词，让后人诵读之余，还能在想象中品味蒙顶茶的茶韵。

　　蒙山茶色黄而碧，味甘而清，香高而鲜，具有卓尔不群的品质。从唐代开始，蒙山茶就是宫廷贡茶，只有皇亲贵胄才能享用。根据《名山县志》记载，当时的贡茶采制都是在每年的夏初，茶芽已发，县官会选择一个黄道吉日，穿上朝服上山采摘。和尚和僚属们烧香礼拜之后，采茶才可以正式开始。对于七株仙茶，每年只能采摘三百六十叶，对应一年的天数。然后，由僧人攀坐诵经，用手搓成条状，用炭火烘干之后，储存在长宽各四寸二分、高四寸的银盒中。在菱角峰下，还会对其他的茶树进行采摘，以全白毫的嫩芽为宜，由和尚揉制，装进锡瓶中陪贡品入京。

　　居住在蒙山静居庵的和尚叫作采茶僧，专门负责每年采摘蒙山顶上茶。千佛寺的和尚专门管理茶树，大佛寺的和尚专门负责制茶，天盖寺的和尚则专门负责评鉴茶叶品质。各个寺庙分工负责，各司其职。而到了采茶的时节，全县七十二个寺院的和尚都要到蒙山天盖寺烧香礼拜。这个传统一直到推翻满清政府之后才被取消。

　　新中国成立后，在蒙山脚下设立了雅安茶叶试验场，以蒙山右侧的永兴寺为基地，后来又改建成为雅安县蒙山茶场，开辟了荒山450亩，建立了380亩新式茶园。

　　蒙顶茶的种类很多，在不同的时代都有不同的名茶出现。最早的蒙顶茶以雷鸣、雾钟、雀舌、白毫等散形茶，以及龙团、凤饼等成型茶为主。到了近代，蒙顶茶则以黄芽闻名天下，分为米芽、黄芽、芽白三个品级。初生芽叶制造的蒙顶茶称之为米芽，以一叶初分的嫩芽制造的为黄芽，以一芽一叶初展的嫩芽制造的称之为芽白。蒙山茶芽叶肥壮，茶汤色泽亮黄，所以也统称为蒙顶黄芽。

　　蒙顶茶的制法简易，在锅里杀青之后继续抖炒到七八成干，然后起锅凉置1～2小时，再下锅抖炒到干燥即可。现在的雅安茶厂又有两种蒙顶茶的新产品万春银叶和玉米长春广受欢迎，它们形状美观、香味鲜浓，堪称蒙顶茶中的极品。

叁

露芽云液

浸润真味的
艺术

口感，是人们追逐好茶的终极诉求。

水为茶之母。山东人左振声坚信，唯有自己家乡的水，才能将自己家乡的茶，泡出最一流的口感。

济南，被誉为"泉城"的神奇城市。古时人们大多在河边筑城聚居，不仅是饮水的需要，更多是生产、生活的需要。但济南古有济水，航运方便，却偏偏不在济水边筑城，其原因正是当时人们迷恋着天赐的地下泉水。济南曾经的自来水厂，从闻名天下的趵突泉取得水源，但早在60年前，趵突泉就已经不能满足城市的用水需求了。喝了上千年的泉水突然断顿，这让济南人总感觉日子少了些什么，于是诞生了一项新的健身活动——去黑虎泉打水。

济南黑虎泉边每天都聚集着取泉水的人们，左振声也是其中的一位。

泉水，为流动之活水。水源多出自山岩溶洞或深埋地层深处，经过多次的渗透和过滤后流出，所以一般水质都会比较稳定，用来泡茶是上上之选。至于江水、河水都属于地表水，所含矿物质不多，污染又比较大，浑

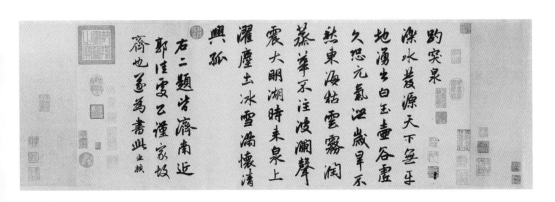

浊度大些，用来泡茶时需要人为的过滤，所以不能算是理想的泡茶用水。而作为地下水的井水，则需要分辨水质，如水质甘美，便是泡茶好水。如是矿物质含量过高的硬水，冲茶通常会影响茶香，茶汤也会变浑浊，茶质并不能很好地发挥出来。

由于对茶叶口感的极致追求，中国人对水的认识，从未有过马虎。茶圣陆羽在《茶经》中就认为"其水，用山水上，江水中，井水下"。这样的认识中，左振声是身体力行的实践者。

左振声平日里忙于自己的茶社，同时还有个教授儒家学说的培训机构，因此茶社常常高朋满座，人们边饮茶边发出思古之幽情。他喜爱的茶种类很多，可大多产自长江以北，这让他有点困惑。然而左振声了解到，中国最北方的茶就产自山东。雪青和冰绿，被统称为日照绿茶，同时，日照绿茶也是种植时间最晚的茶。

茶者，南方之嘉木。自古茶树多生长在气候湿润多雨的南方，并不适宜在干旱少雨的北方种植，西方的科学家也曾提出北纬30度以北地区不能种茶的学说。在中国的古籍上，从来也找不到任何关于北方种茶历史的文字记载。然而就在20世纪60年代，一项名为"南茶北引"的国家战略，在山东开始了。

这样"南茶北引"的战略，对于今天来说有着划时代的意义。1959～1965年，日照分别从福建、浙江引进茶籽，结果并没有成功。北方的气候，冻死了南方的茶树。后来人们发现，由于天气原因，控制树种的高度，是唯一的办法。南方1.2米的茶树，在北方，必须控制在30厘米以内，只有这样，方可成功种植。按照这个办法次年种植的成活率终于达到了90%以上。

茶树从南到北，在克服了恶劣的生长环境后，同样回馈给人们别样的滋味，成就了一种前所未有的口感体验。日照背山面海，有着四季分明的半湿润大陆性季风气候。因为沿海，冬无严寒，夏无酷暑，及当地的沙质土壤共同造就了日照绿茶独特的板栗香。

左振声驱车赶往日照，他要寻找日照最好的绿茶，寻找属于北方独一无二的口感。

在日照的上李家庄，是最早引种杭州龙井和黄山绿茶的一亩三分地，茶人李义坚守着自家最好的一片茶园，这也正是左振声此行的目的地。

* 日照茶园

　　北纬35度，气温较低，生长缓慢，所以日照绿茶产量小，采摘期也要晚将近两个月。在李义的茶园中，以碧螺春工艺制成的雪青和以龙井工艺制成的冰绿，是标志着北方绿茶试种成功的典范。茶场环绕黑松，松香沁透茶芽。独特的海洋性气候孕育了日照绿茶汤色黄绿明亮、栗香浓郁、回味甘醇、叶厚耐冲泡的特点。

　　南茶北引，不只是观念上的突破，也是日照人后天钻研的结果。日照的气温和南方那些"高山云雾出好茶"的1500米海拔茶产地的气温相仿。

　　世上的所有路，总是人走出来的。对等的气温，奇思妙想般的"南茶北引"，人们对新芽的渴望成就了这片中国最北方的茶叶原产地，成就了名山名水伴名茶这种极致的体验。

泺水发源天下无
平地涌出白玉壶

——名闻天下的济南七十二名泉

济南自古号称泉城，这个名号源于这里的七十二名泉。

七十二名泉，最早见于元代于钦所著的《齐乘》，根据金人的《名泉碑》来收录，而其中的名泉也在不断变化中，有的名泉被其他的泉水所取代，所以古今七十二名泉并不一致。在我国最早的编年体史书《春秋·桓公十八年》中，记载了公元前694年春秋时期的鲁国国君鲁桓公和齐国国君齐襄公在泺水相会的事，而泺水之源就是后来的趵突泉。

趵突泉是济南七十二名泉之首，它位于济南的市中心，南靠千佛山，北望大明湖，面积10多万平方米。该泉被誉为"天下第一泉"，也是最早见于古代文献的济南名泉。作为济南的象征，趵突泉和千佛山、大明湖并称为济南的三大名胜。

趵突泉有多个别称，槛泉、娥英水、温泉、瀑流水、三股水等等，都有2700多年的历史。在我国古代记载河道水系的综合地理著作《水经注》里，它又被称之为泺水。公元1072年，宋代著名文学家曾巩撰写的《齐州二堂记》始见"趵突泉"这个名字："历城之西，盖五十里，而有泉涌出，高或至数尺，其旁之人名之曰'趵突'之泉。"可见"趵突"这个名字当时只在民间流行，不仅字面的意思古雅，而且音义兼顾，形容出了泉水的跳跃状态和奔腾不息的态势，同时也模拟出了泉水喷涌的时候"咕嘟、咕嘟"的声音，绝佳绝妙。

曾经出任济南太守的曾巩非常喜爱趵突泉，为它撰写诗词《趵突泉》，其诗曰：

一派遥从玉水分，暗来都洒历山尘。

滋荣冬茹湿常早，涧泽春茶味更真。

已觉路傍行似鉴，最怜少际涌如轮。

曾成齐鲁封疆会，况托娥英诧世人。

元代的著名画家赵孟頫在济南游览的时候，也曾经写下了《趵突泉诗》来表达对它的喜爱，其诗曰：

泺水发源天下无，平地涌出白玉壶。

谷虚久恐元气泄，岁旱不愁东海枯。

云雾润蒸华不注，波澜声震大明湖。

时来泉上濯尘土，冰雪满怀清性孤。

清代文学家蒲松龄、著名学者李文藻以及清末作家刘鹗都曾经在自己的作品中描绘趵突泉。趵突泉泉水出露标高原为26.49米，最大涌水量每天为16.2万立方米。后来所建造的池子长30米、宽18米，深2.2米。在趵突泉周围，还建有观澜亭、泺源堂、来鹤桥、蓬山旧迹坊，以及历代名人题咏趵突泉的诗文碑刻。

趵突腾空是明清时期济南八景之首，这里的泉水一年四季都是恒温18℃左右。严冬时节，水面上水气袅袅，就像是漂浮着一层薄薄的水雾。泉池幽深、波光粼粼，伴随着楼阁彩绘、雕梁画栋，让人如同走进了一副奇妙的人间仙境。

济南的第二大名泉便是黑虎泉，它位于大明湖畔，北部与解放阁高低错落、相映成趣。沿着济南护城河两岸，从解放阁起，向西大约700米，有白石泉、玛瑙泉、九女泉、黑虎泉、琵琶泉、南珍珠泉、任泉、豆芽泉、五莲泉、一虎泉、金虎泉、胤嗣泉、汇波泉、对波泉等十四口泉水，统称为黑虎泉泉群。

黑虎泉是一个高2米、深3米、宽1.7米的天然洞穴，洞门口用青石堆砌，秀石错落，远远看去洞内好像有巨石盘曲，上面的苔藓黑苍苍的，勾勒出的线条就好像有猛虎深藏在里面。

黑虎泉的泉水涌量仅次于趵突泉，所以在济南名泉之中居于第二位，每日最大出水量可以达到4.1万立方米。在黑虎泉南壁并列着三个石刻的虎头，泉水经过暗沟从石虎的口中喷出，取"口内悬河"之意，水面波涛汹涌、水声喧腾。在水池的北侧是一个水闸，在这里形成了水帘，泄入护城河中，形成瀑布。然后流进长13米、宽9米的石砌方池中。当泉水从巨石下涌出，湍急地冲击巨石的时候，会发出粗犷的鸣响，半夜如果有朔风吹入石头缝隙，就会有惊人的吼叫声在洞中回荡，那声音好似虎啸，所以才有了黑虎泉这个名字。

珍珠泉是济南第三大名泉，位于大明湖南侧。珍珠泉的池中泉眼众多，倚栏观赏，泉从沙际而出，忽聚忽散，忽急忽缓，和池中成群的鲤鱼所吐出的水泡相融合，构成了一幅鲤鱼戏珠的美丽画面。而这口泉是平地涌出，水泡升腾，如泻万斛珍珠，所以得名。

在济南，有两个名叫珍珠泉的地方。一个属于黑虎泉泉群，位于娥江水东段南段；另一个则是大明湖南侧的珍珠泉。因方位不同，一个叫作南珍珠泉，一个叫作北珍珠泉。不管是珍珠泉水泡冒涌的速度还是密度，南珍珠泉都不如北珍珠泉，所以北珍珠泉更能显露出雍容大气的姿态，那一串串水泡"珍珠"铺排在泉水之中，会让人产生宏大而又沉静的感觉。

珍珠泉的四周汉白玉栏杆就像是一袭洁白的围裙，让一汪绿色的泉水更显端庄，加上池畔的楼台、岸柳和古树，吸引了无数文人墨客。明代"前七子"之一的边贡曾经吟诗赞美珍珠泉："曲池泉上远通湖，百尺珠帘水面铺。云影入波天上下，藓痕经雨岸模糊。"清代乾隆皇帝也对珍珠泉大加赞赏，写下了一首长诗，其中有句道：

济南多名泉，岳阴水所潴。

其中孰巨擘，趵突与珍珠。

趵突固已佳，稍藉人工夫。

珍珠擅天然，创见讶仙区。

卓冠七十二，分汇大明湖。

在这位皇帝眼中，珍珠泉的美更胜过了趵突泉，因为它是得之天然的，可以居于七十二泉之冠。珍珠泉泉池长42米、宽29米，水面为长方形，周围用雪花石砌成栏杆，岸边杨柳轻垂，泉水清澈如碧，一串串白色的气泡从池底冒出来，就像飘洒的珍珠，迷离而动人。池中的鱼儿和泉眼较量，奋力地吐出了水泡，似乎想和泉底的珠玑相媲美，无穷无尽的珍珠就这样不断飘洒。

珍珠泉区是一座优雅的庭院，松柏苍翠，泉池楼阁错落有致。园内罗锅桥西侧有一棵6米高的海棠树，相传是宋代曾巩所种，有上千年的历史。珍珠泉西北角有濯英泉，是由泉水汇聚而成，向北流经百花注洲后进入大明湖。珍珠泉周围还有许多小泉，如楚泉、溪亭泉、舜泉、太乙泉等，统称为珍珠泉泉群。

济南旧城西门外的五龙潭，又叫作龙居泉、乌龙潭，南临趵突泉，北接大明湖，是济南四大泉群之一。

五龙潭昔日潭深莫测，每次遇到大旱的时候，在这里祈雨都非常灵验，所以元代的时候便在潭边修建了寺庙，里面塑了五方龙神像，因此有了五龙潭的名字。北魏地理学家郦道元在《水经注》中称五龙潭为净池，是大明湖的一部分。五龙潭的周围有很多历史建筑，大明寺、客亭和古历亭等历史遗迹中都有历代文人留下的墨迹。

在济南七十二泉之中，五龙潭是泉水最深的一个，泉水碧绿凝重，深不见底，中日涌流不急。经过历代的修缮之后，五龙潭池长70米，宽35米，池广水深，日涌水量最高达4.3万立方米。五龙潭泉群共有泉池29处，包括五龙潭、天镜泉、七十三泉、潭西泉、古温泉、悬清泉、净池、洗心泉、回马泉、濂泉等。

济南名泉多如繁星，各具风采，沸腾的湍急，喷涌的翻滚，倾泻的如同瀑布，冒泡的如同串串珍珠。泉水水质优越，更让历代茶人、名人为之倾倒，欧阳修、曾巩、苏辙、王守仁、蒲松龄等都曾经在这里留下了赞美泉水的诗文，让这些名泉不仅有了自然之美，更有了人文之美。

肆

东溪最上春

最难忘怀的
洞庭茶

　　晒青，对于普洱茶而言，是生命的刚刚开始，但对于中国传统的绿茶来说，最后的烘青，已是结束。

　　洞庭碧螺春——一个近乎传奇的名字。它是中国传统绿茶中，以鲜嫩著称，最为"娇贵"的一款茶。泡茶时，为了避免茶叶被"烫伤"，从而破坏口感，要先注入水，而后再将茶叶放下。

　　千年前的历史，时至今日，仍旧不断被人们反复提起。"洞庭茶"，是民间最早的名字，过去的故事里，呈现出这样的画面，一位来到此处的外乡人，喝到洞庭茶时连连惊呼，太香了！香得真是吓煞人！一次口感的绝妙体会，让洞庭茶从此改名"吓煞人香"。

　　1699年，康熙南巡，在苏州品到此茶大加赞赏，但觉"吓煞人香"茶名不雅，于是赐名"碧螺春"，从此成为皇家贡茶。又因为产在洞庭西山和东山，所以就叫"洞庭碧螺春"。

* 左：碧螺春制作
* 右：碧螺春鲜叶

* 新芽

　　不同于龙井因产地得名，碧螺春的茶名是其色、形、意的直接写照。碧螺春纤细卷曲、白毫密被。白毫是茶树嫩芽背面的纤细绒毛，多寡是碧螺春嫩度高低的一个显性特征。

　　人们不免将杭州龙井和苏州碧螺春产生对比。由于揉捻原因，碧螺春溶出速度快于龙井，所以相对冲泡时间短于龙井，这其中并不完全是茶叶的鲜嫩程度。

　　如果说龙井的香气如剑气锋芒，有春寒料峭的凛冽之感，那碧螺春则温婉娇媚，是盈杯满盏的花馥之味。

　　洞庭东山，烟波浩渺的太湖之滨，气候温和，冬暖夏凉，具有茶树生长得天独厚的环境。太湖水面水气升腾，它的存在，让这里的气候温暖湿润；而湖水的恒温作用，还可以让在气温变化多端的春季长出的新芽免遭霜冻的威胁。

　　对茶树来说，没有水分的干冻是最为致命的一击。太湖的滋润，使得种植茶树的土壤终年湿润，即便在寒冷的冬季，茶芽也不会被冻坏。

　　苏州东山曹坞村，洞庭湖边，莫厘峰下，正是碧螺春最好的原产地。200多户人家，家家有茶园。茶人沈峰家有20亩茶园，茶园中，枇杷、青梅、板栗、桃树等各种树木与茶共生。这是属于碧螺春的独特生态环境，茶树与果树相间而植，高大的果树既能为茶树遮阳挡霜，并且其根系枝叶与茶树连理交缠，茶吸果香，花窨茶味，陶冶着碧螺春花香果味的天然品质。而茶树根部汁液含有多种有机酸，对土壤给予茶树共生的根菌提供理想的共生环境，自然亦可惠及果树。茶与果之间的相互影响，一如人与人之间的微妙关系。

碧螺春茶每年春分前后采摘，谷雨前后结束，以春分至清明采制的明前茶品质最为上乘。通常采一芽一叶初展，芽长1.6～2.0厘米的鲜叶为原料。因鲜叶形卷如雀舌，故被称之"雀舌"。一般过了4月20日的茶叶，当地人就不再叫它为碧螺春了，而叫炒青。炒青不是次等的，口味较早春的茶叶稍浓，耐泡。碧螺春这个名字，从时间意义上来说，代表着最极致的口感。

今年春天气温低，雨水少，采摘时间比往年延误了几天，对于新茶的制作，沈峰有些拿不准，他需要到后山的三叔家里求教。沈峰的三叔是杀青高手。两家的茶园，因为不同的果树，香气略有不同。

碧螺春的外形特点，被九个字形象的比喻"满身毛、蜜蜂腿、铜丝条"。而内质特点便是要求"一嫩三鲜"：色泽银绿隐翠，汤色较浅，为色鲜艳；花香浓郁、清幽持久，是为鲜香浓；滋味鲜爽带果味，入口如同新鲜水果，味道鲜醇。这样的口感，是最好的碧螺春几乎苛刻的标准，也是茶人沈峰所追求的体验。

清风吹破武陵春
太湖佳茗似佳人

——洞庭碧螺春茶踪茶韵

　　苏州太湖，水面水汽升腾，雾气悠悠，湿润的空气和疏松的土壤为茶树生长提供了良好的基础。洞庭山就在它的东南部，东山宛如一艘巨舟伸进了太湖的半岛，上面有洞山和庭山，因伍子胥迎母于此的传说，也叫作胥母山，而西山则是太湖之中最大的岛屿。

　　洞庭碧螺春也因形美、色艳、香浓、味醇这"四绝"而闻名于世。位于洞庭洞山的著名碧螺春茶树，树高二三尺至七八尺，四时不凋，二月发芽，叶如栀子，秋花如蔷薇，清香可爱，实如枇杷核。根一枝直下，不能移植。

　　明代张源撰写《茶录》称："采茶之候，贵及其时。太早则味不全，迟则神散，以谷雨前五日为上，后五日次之，再五日又次之。"如果说彻夜天空没有云彩，在露水中采摘茶叶是最好的，到了中午采摘的则次之，一旦出现了阴雨天就不宜采摘。碧螺春的采摘时间正是谷雨前后，而且在采摘之前一个月就要做很多准备工作。

　　距离茶季尚有一月的时候，茶农就已经开始筹备采摘了。他们请竹匠到家中，劈开竹篾，编制采茶时的茶篓，整修茶灶，购置茶锅，用小石块仔细打磨擦洗，除去锈迹。而小伙子们则会扎制炒茶时必须使用的横形棕掸帚。因为碧螺春搓团的时候，总有一些洁白的茸毛会落在锅沿，待到茶叶起锅的时候，需要用棕掸帚轻轻地将白毫毛掸入干茶中。茸毛越多，茶叶的质量就越高。

上山去收集松针叶也是迎茶的准备工作之一，它是炒制时候最好的燃料。炒制碧螺春的关键在于灶火要随着炒茶手而忽旺忽灭，瞬间变化。纤细而易于燃烧的松针可以达到这一要求，只要用膛灰一压，它就会熄灭。

在《茶录》之中，张源已经不再提到蒸青手法，而是专讲碧螺春炒青的具体操作。将新采的鲜叶捡去老叶及碎屑，放入茶锅。锅广二尺四寸，将茶一斤半焙之，候锅极热，始下茶急炒。炒制碧螺春的时候，要做到"干而不焦，脆而不碎，青而不腥，细而不断"，只有做到这些，才能呈现出碧螺春卷曲如螺、纤毫毕露、细嫩紧结的形态，泡出来的茶色才能味醇而淡、香高持久、回味隽永。

这是明末清初苏州乃至整个太湖地区炒青传统制造技术的最高水准，而这一时期的洞庭山出产的其他诸多名茶。如：西山云雾、包山剔目、东山片茶，以及专销蒙古的粗杂茶等，都无法与碧螺春相媲美，只有同时期的虎丘茶、松萝茶才能望其项背。清代王应奎在《柳南随笔》中记载了清圣祖康熙第三次南巡时驾临太湖，当地的制茶高手朱正元献上"吓煞人香"，从而获得康熙赞誉，赐名"碧螺春"的旧事。

洞庭无处不飞翠，碧螺春香万里醉。品饮碧螺春是一个非常享受的过程，根据它的特点，茶人还专门发展出了一套包含十二道程序的碧螺春茶艺：

一为焚香通灵。在饮者看来，茶需静品，香能通灵。在品茶之前先点燃一支香，可以让心境更加平静，以便用空明虚静之心，去体悟碧螺春之美。

二为仙子沐浴。晶莹剔透的茶杯需要清洗干净，以表示对饮茶人的崇敬。

三为玉壶含烟。用热水预烫了茶杯之后，不用盖上壶盖，让壶中的开水随着水汽的蒸发自然降温，敞开的壶口蒸汽氤氲，如同山中云雾。

四为碧螺亮相。碧螺春干茶以形美著称，请客人赏茶，可以观赏银白

* 碧螺春泡茶

---

* 碧螺春茶水

隐翠、条索纤细的茶叶之美。

五为雨涨秋池。将沸水注入玻璃杯，只宜注到七分满，正如唐代诗人李商隐名句"巴山夜雨涨秋池"的意境。

六为飞雪沉江。用茶导将茶荷之中的碧螺春依次拨入已经冲好水的玻璃杯中，茶叶如同飞雪落入杯中，吸收水分后向下沉入，瞬间白云翻滚，煞是好看。

七为春染碧水。沉入水中的碧螺春在热水的浸泡之下开始渐变为绿色，整个茶杯就好像是盛满了春天的气息。

八为绿云飘香。碧绿的茶芽，碧绿的茶水，杯中绿云翻滚，氤氲的蒸汽让茶香四溢，清香袭人，让闻香的茶人倍感惬意。

九为初尝玉液。品饮碧螺春的时候，可以趁热连续细品，头一口恰如玄玉之膏、云华之液，能让人体味到色淡而香幽的茶韵。

十为再啜琼浆。第二口品茶，茶汤更绿，茶香更浓，滋味更醇，并开始感到舌根回甘，满口生津。

十一为三品醍醐。在佛教典籍中，用醍醐来形容最为玄妙的味道，而品饮碧螺春到第三口时，太湖春天的气息和盎然生机，似乎都能通过茶汤感受到。

十二为神游三山。唐代诗人卢仝曾经写下千古传诵的《茶歌》，品过碧螺春之后细心体会，便能感受到他所说的"清风生两腋，飘然几欲仙。神游三山去，何似在人间。"

碧螺春原本只是山野之质，却因为天、地、人的宠爱，名满天下。这里的山水云霞，赋予了它清奇秀美的气质；泉涧漫流，让它获得了无限茶韵。花清其香，果增其味，花香果味的天然品质让它更加独具一格。

伍

杯浮香雪

宇治茶的
前世今生

在距离临沧5500公里之外的日本京都，那里有古老中国痕迹的存在。茶，是这种存在的具体表现。中国茶，是日本人想象力的源头，茶叶在这里，变幻出不同的状态和表情。京都街头，形形色色的抹茶食品牵引着人们的视线和味蕾。抹茶，这种与中国古代饮茶方式最为接近的一种茶的形式，在这里，仍旧焕发着生机勃勃的景象。

据记载，唐贞元二十一年，中国茶被日本人视若珍宝带回京都，此后在这里生根繁衍，这也是中国茶种传播海外最早的文字记载，距今已有1212年。

在过去的漫长时光里，来自中国宋代的五粒茶籽，被种入京都高山寺旁幽静的院子。如今，这片古树茶园已成为日本人心中神圣的最初原产地。茶的口感，也开始沁润另一个国度的唇齿。从此，这里的人们体验着茶的极致口感，并醉心于虔诚的饮茶仪式。

＊ 日本宇治茶

＊ 日本宇治88天
　　集会街头风景

宇治，是日本最具盛名的绿茶原产地。每年立春后的第88天，宇治都会举行盛大的集会。茶，是集会中唯一的主角，可令一座城市沸腾起来。

88这个如同暗含着某种密码的数字，是日本人对茶叶口感的一种判断，那里的人们对这个时间节点充满着敬畏感。他们认为，喝了88夜采的茶叶所泡出茶之后，会有祛病消灾、不老长寿的功效。所以，宇治本地的居民都会在这一天采摘初茶，为家人祈福。日本人坚信，只有在这一天，在原产地采摘的新芽，才能达到绿茶的极致完美。

下村美香和她的朋友增田耀平，这两个来自城市的年轻人也置身于这一场茶的狂欢中。在他们看来，这一天采摘的鲜叶里有着许多原本存在，自己却陌生的故事。

源自中国的茶叶，此刻正被赋予着更多的意义。

* 日本宇治

　 第88天新茶

* 日本姑娘

　 在第88天采茶

舌底朝朝茶味
眼前处处诗题

——日本顶级茶品宇治茶

在日本的茶业史中，宇治茶的名气不亚于西湖龙井在中国茶人心目中的地位。

在室町幕府时代之前，京都栂尾山的茶叶是当时人们心中最顶级的。1207年，日本荣西禅师从中国南宋带回来一罐茶树种子，他将这些宝贵的树种交给了高山寺明惠上人培育。经过不断尝试，明惠上人在这里开辟茶园，培养茶树。由于栂尾山地处京都西部，气温相对寒冷，并不适宜茶树的种植，所以明惠上人在京都南部的宇治等地开始推广、栽培茶树。从镰仓时代到室町时代中叶，栂尾山成为日本第一产茶地，据说高山寺至今都珍藏着一个黑釉小罐，里面还有五颗荣西从天台山带回来的茶籽。

和中国江南雨量充沛的茶树生长环境类似，宇治是一个常年多雾、光照时间短的地方，这里地势平缓，很适合茶树生长。因此，到十四世纪时，宇治所产的茶叶就已经成为顶级的馈赠佳品。到了十五世纪，它已经和栂尾茶并列，成为日本的第一产茶地。这一时期正是室町幕府时代，执政的三代将军足利义满在宇治为自己开设了七个御用茶园，被称为"宇治七名园"。这些青睐，让宇治作为名茶产区的价值进一步得到提升。

宇治茶的发展在十六世纪后期得到了充足进步，茶师为了提高茶叶的品质，在宇治探寻出了一种新的栽培方法——覆下栽培法。他们在茶园之中搭起了棚架，每年的春天初芽采摘前二十天左右，棚架上会铺满芦苇，直射阳光被遮住，娇嫩的茶叶得到了保护。在这种特殊的条件下，光合作用让茶树叶长得比较薄，但其中所含的儿茶酸和叶绿素却增加了，同时还变得不易被分解。而且，遮挡阳光的芦苇还有自然的清香，随着春雨，它们滴落渗入到茶树，被长期生长的茶树吸收，也让茶叶有了独特的气息。

人类的智慧与自然的恩赐互相调和，宇治茶的清香和甘味变得更加浓郁了，茶叶的色泽也在细心的呵护之下变得更加鲜嫩。

覆下栽培法和独特的蒸青制作法相结合，让当时的宇治茶成为代表日本茶叶最高峰的味道。后来，宇治的茶师还制作出了至今仍旧独占日本茶叶届鳌头的玉露茶，让宇治茶真正成为日本茶文化发展的主流茶品。

日本茶道深受中国茶道影响，在宋朝时期，中国茶农会在清明前后的日子里，选择"东方尚未明"的时候进行采摘，让一夜沉淀下来的茶叶甘灵、膏腴得以在日出散发前被保留下来，从而制造出上品的贡茶。宇治茶的覆下棚栽方法与宋人的做法有异曲同工之妙，在棚遮的二十天时间里，荫凉环境下保留下来的茶叶甘灵、膏腴或许比宋人的做法保留的更好呢？

茶师们的努力，让宇治茶有了非凡的味道和绝佳的视觉效果。而得到历代幕府将军的赞赏和庇护，才是让宇治茶真正被上层贵族阶层追捧的深层次缘由。草庵茶的代表茶人千利休，以及后来的茶人小掘远州，都非常积极地使用宇治茶来布置茶道，这让它的地位在日本茶界变得更加稳固，不可撼动。到了江户时代，宇治成为幕府献茶的唯一产地，宇治茶也成为日本珍品茶叶的代表。

从流传至今的《宇治制茶图》中，可以看到古代日本茶师所采用的独特焙干方法。根据桃山时代在日本传教的陆若汉所撰写的《日本教会史》记载："在茶叶采摘下来之后，要进行蒸青，接下来的程序就是焙干。焙炉是没有盖子的木箱，里面放入炭火，茶师用灰来控制火势的强弱。木箱上面覆盖着细竹网，网格上面铺上厚纸，将蒸好的茶叶撒在纸面上。茶师要不断地摇动厚纸，让茶叶不至于被烤焦。"这种焙干方法，完全继承了宋朝的制茶法。

宇治的茶师们不仅继承了中国茶道的优良技巧，而且还有不墨守成规、勇于探索研究的精神。在宇治茶发展的过程中，日本的茶师和茶商们一起在其中加入了极多的本土创意，这些创意在促进茶文化发展的同时，也推动了陶瓷、漆器、和服、和式点心、怀石料理等相关行业的发展。

中世纪以来，宇治茶都是日本茶业的主导力量，它将茶在日本国内普及成为大众消费品，成为了普通家庭生活的一部分。同时，宇治茶也在积极拓展海外市场，让世界认识宇治茶。现在，宇治茶也在申请世界文化遗产项目。

今天的日本茶叶产业可谓是博大兴盛，每一个行业里都有茶叶的影子，宇治茶也进入了甜品行业，以抹茶为基本原料制造出来的产品已经和寿司、和食一样，成为和风食物的代表。抹茶饮料、抹茶冰淇淋、抹茶巧克力和抹茶面点都已成为广受欢迎的产品和日本文化的名片。

每年的11月8日，栂尾山高山寺都会在开山堂举行纪念茶祖和明惠上人的献茶式，宇治茶的继承者也会来到这里，献上新茶。这一缕茶香不仅是对往日推动日本茶业发展的先贤的崇敬，更是对于宇治茶源头的祭拜。

＊ 日本街头抹茶　＊ 日本宇治茶推广

＊ 日本抹茶风甜品　＊ 日本抹茶风食物

〵〵〵

武夷山里，三坑两涧，传说中的原产地。

肉桂水仙，岩骨花香，神秘的茶韵口感。

历代制茶技艺，师徒坚守，父子传承。

人与人的故事里，蕴含着武夷岩茶庞大的家族体系。

中国，日本，玉露绿茶。

茶因人走，人随茶动。这是原产地中，对传统技艺毕生的坚守。

第三章

*

技艺的

坚守

壹

岁月不休

"岩韵"传百年

武夷山，中国茶叶最具标志性原产地之一。风景中，山水皆有来历。

一年一度的采茶季，即将在第二天启动。犹如备战一场大赛，此时范辉的角色，正由一个茶人，变身为厨师。面对精心挑选的食材，他渴望能用一顿大餐，来缓解压力，让大家在茶季轻松上阵。

每一个茶人都明白，越是面对紧张，就越是需要松弛。

老父亲范长生，对于儿子的手艺充满着自信，却也暗含着一丝隐约的不安。

山水风格化的差异，构造出武夷岩茶庞杂的种类。早在1950年的统计数据中，武夷岩茶就有970多个茶类品种。岩茶是乌龙茶类中闽北地区的代表。三坑两涧，是武夷山神奇地貌中，顶级原产地的标准。

峰峦陡峭，光照短促。唯有这里的茶树，才有资格被称为"正岩茶"。至于周边的茶树，仅能被叫作"半岩茶"。

* 武夷岩茶

* 品茶

* 茶人上山采茶

* 大红袍采茶工

通往顶级原产地的山路崎岖，颠簸。原产地中丹霞地貌的土壤，掺杂着许多细小颗粒，越向高处走，岩粒就会越大。十几公里的山路，需要步行近两个小时。峭壁接踵间，仅仅只能容下一个人的脚步。

片片鲜叶得来不易。原产地中正岩茶的茶树，树高枝条长，人们需要爬到树上，攀下长长的枝条，方能够到树梢的鲜叶。每斤鲜叶采摘的报酬是三元钱。每个采茶工人一天采摘一百多斤鲜叶，这些鲜叶需要通过人力肩挑手提徒步十几公里才能运到山外，这对于武夷山茶农而言，是他们最平常不过的生活。

山涧里，人们从不吝惜自己的体力，这些来自于江西的女工，采茶季来，茶季结束后走，一如候鸟迁徙。或许她们一口也没有喝过，自己采摘下的这些名贵茶叶。但，茶是她们的生计。

采茶女工顾不得吃饭，从上山开始就不停地采，每个人都想多采一点。午饭都是在走路的时候，或下山采另一片山头的时候，走在路上边走边吃。时间，是如此的奢侈，甚至无法允许她们安心享用一顿简单的午饭。忙碌一整天，换得两三百元的报酬。人与茶的命运，冥冥中被安排着。

＊ 武夷岩茶制作视频

武夷正岩茶对整个工序的要求极高。范辉说：我们从山上的采青，就有要求了。我们嫩了不采，老了不采，下雨天不采，露水天不采，太阳太大不采，所以这"五不采"就是为了保障我们鲜叶的品质。采茶的工序从上山的那一刻就开始了，范辉需要从采摘的鲜叶中，对茶叶品质，凭直觉做出判断。

正宗的武夷正岩茶，采摘的时间最好是下午2：00～5：00。顶级原产地里，精确的采摘时间，在范辉看来，这是制作一流武夷岩茶最初的保障。

肉桂，武夷岩茶的当家代表之一。外观小巧，叶片呈椭圆形，叶缘齿密而尖。香气霸道高扬，对口腔呈现出刺激的撕裂感，带着桂皮的辛辣，回甘迅猛。这种属于武夷岩茶独特的口感，被称作"岩韵"，"韵"这个难以用语言描述的词语，是感观长期积累的直觉体现。

抽象的味觉，带来一种别样的口感。

肉桂的香，是花香里面含着桂皮香，好的武夷肉桂中也能做出乳香。武夷岩茶是有特殊地域范围的一款茶，它的核心产地其实就是武夷山风景区范围里面。

在武夷山，素有"醇不过水仙，香不过肉桂"的说法。作为武夷岩茶另一位当家，水仙，相较于肉桂，条索粗壮，呈现出油亮的蛙皮状，色青或乌褐。水仙的香气清幽韵长，沉稳内敛，入口滋味绵柔，水感顺滑。特有的花香悠长，茶汤透出粽叶味道，醇厚，回甘明显。

生活在原产地，并且了解工艺的人们，面对自己家乡的茶，他们的味觉神经的反应极其灵敏，在茶汤入口的瞬间就可以辨别出自己熟悉的风土。一如母亲做饭的味道，早已扎根脑海。

三坑两涧，忙碌的身影从未停歇。如同迷恋自然万物的灵性，古老的劳作方式，被原始地保留下来。

称重后的鲜叶，汇聚于挑茶工的肩头。男人的脚步，迅速且小心。狭窄的岩间小径，蕴含着武夷山人平凡而又特殊的生存之道。

采摘的鲜叶，运至茶厂自然发酵，茶香正被空气唤醒。

一担一担的鲜叶卸下了，而范辉的心却悬着，他很清楚，当鲜叶从茶树离开的那一刻起，制茶的发令枪，就已然打响。

捉摸不定的时间中，一分一秒内，茶叶都有可能变幻表情，范辉需要立刻赶制。如山般的茶叶原料，其中顶级品质的"正岩茶"，必须由范辉亲手制作。其余的，则交给机器来完成。

手工制茶，这更像是一次人与茶之间，彼此性格的拿捏。微妙的关系，让传统技艺初次展露在试探的第一步中。

利用光能与热能的晒青过程，被称作"萎凋"。面对这熟悉的一幕，范辉的思绪，总会回到许多年前的那个下午。范辉十八岁跟着父亲做茶，到

＊　手工制茶　＊　范辉制茶

＊　父子制茶　＊　父子品茶

现在十四年。刚开始学的时候，有一筒茶，用木炭将茶叶烧掉了，父亲过来一看，黑着脸一顿臭骂。父亲说，"萎凋都搞不清楚，你还做什么茶？"这令他印象非常深刻。

中国的传统中，子承父业，顺理成章。父亲曾经上的第一堂课，至今令范辉记忆犹新。严格坚守传统工艺，晒青布上，每平方米摊开一公斤鲜叶，厚薄均匀。面对萎凋，谨慎的范辉，一如昨日的少年。

水筛，直径一米左右，筛孔半厘米见方，如此设计是为了便于透气。萎凋的过程范辉亲自亲为，不敢有丝毫马虎。

鲜叶摊晾散热，失水均匀。酶的活化，加速着茶叶内物质，更多的化学反应。叶质柔软，青涩减退，香气初露。这是属于范辉的经验感知，依靠嗅觉，味觉以及神经系统，一起综合搭建而成。

下一步工序是摇青，在手工制茶人的手中，这项传统技艺正初露端倪。摇青是岩茶制作中，特有的精巧工序。茶叶聚积在圆筛正当中，制茶人手握筛沿有规律地摇动筛子，茶叶在空中摩擦，旋转，又落回到圆筛当中。茶人富于生机的双手，变奏出人与茶独有的节拍感。简单的动作，严苛的要求。叶与叶，边缘间撞击，绝不允许摩擦筛沿。这是范辉作为一个高手，对自己的要求。

范辉说，茶叶是有生命的，经过萎凋让它凋谢，称之为死去，而经过摇青却可以让凋谢的茶叶重新焕发生命。

摇动，发热促进变化。静置，散热抑制变化。动静结合，反复交替。

在范辉的眼里，这更像是在严苛擂台上自己和茶的一次直面对决。人与茶，命运跌宕，生与死，轮回交织。犹如武学中的功夫宝典，在变与不变之间心领神会。味觉风格，反复打磨，岩韵口感，不断激活。

在范辉的制茶生涯中，一路走来，变化的是年龄，而激动的心情从未改变。赤子之心的源头，是父亲曾经的言传身教。

滚筒杀青，25公斤的进量，茶叶每次翻滚，都撞击着范辉粗犷外表下，敏锐的神经。这是一场温度与速度的对话，技艺决胜的关键，让他不敢有任何差错。

此时机器中，碰撞的响声，正犹如上万片茶叶，同时为他鼓掌。鲜叶老嫩，揉骨捻茶，棱角高锐，搓叶成条，这是岩茶初步成型的第一阶段。

茶叶与生俱来的敏感，也遵循着固有的生存法则，开始神奇蜕变。

范辉知道，在夜晚的另一处，还有一份父与子的挂念，和一场师徒间的远程考核。老将范长生，拥有着一个不凡的名号"花师傅"，那是属于武夷茶人的殊荣。因为人们喝了他的茶，泡泡花香，因此得名。骄傲名号的背后，是武夷茶岩骨花香的标准，更是对传统技艺的肯定。然而曾经的命运将如何被印记？不愿回首的往昔，正若隐若现，撕开端倪。制茶一生的老人，八年前的一次意外车祸，在留下身体瘫痪之外，更残酷地夺走了一个茶人对茶几乎全部的念想。做了一辈子的茶，突然间不让他做茶，他觉得很空虚，便收了很多徒弟，代替他的脚，带他去看茶做茶。

范辉做第一筒茶的时候，整个晚上都没有离开过筒间，一直看着茶青，生怕做坏。他心情激动，一点睡意都没有，寸步都不敢离开，也不想离开那几筒茶。不敢离开，更是不想离开，是人对茶的敬畏，更是茶对人的监督。

儿时的印象，如同根植记忆的定位系统，朴素且深刻。属于少年的稚嫩和拙气，从不触碰老将的眼神。"父亲召唤我成为徒弟，我追随父亲成为师父。"这是属于两代茶人之间的传承和默契。

炭焙，武夷岩茶最后的工序，范辉如临阵般的状态，一如铁锅下的火焰，在闷闷地燃烧。这是口感渴望再次被认可的一道岩茶，宛如师徒间，另一种形式的切磋，更是两代茶人对技艺理解，和跨越时光的一次较量。这是经验的掌控，温度将刺激出茶叶内多酚类化合物的反应。当焦糖般的颜色开始显现时，儿子给父亲的这份答卷，也伴着茶香，呼之欲出。

范辉制出的新茶总是第一时间带回家给父亲品尝。每次给父亲送茶时，如同等待自我表演之后的评价，笑容中掩藏着忐忑和不安。而茶叶踏实的口感，会让所有关于味觉的想象，变得充盈且具体。父亲的认可，带来一个年轻茶人，又一次的成长，而成长远比成功更为重要。

传承，本能地将口感，深植于人的味觉体验中。

原产地里的每一片茶叶，都在讲述着一段故事，故事里是武夷山的日月山水，风土人情，更是一代又一代茶人毕生追求，传统技艺的那份笃定和坚守。

簇簇新英摘露光
小江园里火煎尝

——武夷岩茶的岩骨花香之美

武夷山，既是世界自然遗产，也是世界文化遗产，它集合了自然之美和文化之美，而这其中最为集萃的表现，就在于产自这里的武夷岩茶。它那独特的韵味，有绿茶的清香，也有红茶的甘醇，将天地之美融汇成就的"岩韵"令它卓然立于中国茶界。

岩骨之美，花香之韵

在武夷山巧夺天工的自然生态和厚重的茶文化之中，武夷岩茶获得了滋养，从茶、器、水、人、艺、境等多个方面，演绎出了一套独属于它的茶美学。在《武夷茶艺》《武夷山工夫茶茶艺》等著作之中，记录了关于武夷岩茶的二十七道饮茶程序，合三九之道，后来为了适应社会需求，又简化为十八道，至今沿用。这十八道茶艺包括恭请上座、焚香静气、活煮山泉、孟臣沐霖、乌龙入宫、三龙护鼎、品啜甘露、尽杯谢茶等，每一个程序之中都有人们对于茶的哲思，都在折射武夷岩茶数百年传承中的坚守。

　　凡是和茶相关的美学，茶自然都是最核心的要素。制作武夷岩茶的工
艺从古至今不断演化变革，汇集了武夷山历代茶农的集体智慧，这种工艺
之美体现在每一道工序之中。从才采摘鲜叶到晒青、晾青、做青、炒青、
揉捻，再到复炒、复揉、毛火（走水焙）①、扇簸、摊放，最后再到拣剔、
足火、燉火，形成毛茶，这十五道工序无一不显示出茶农对于武夷岩茶品
质的谨慎传承。通过这些严格的工序所制作出来的半发酵茶，具备了香、
清、甘、活的品质，自然是茶之精品。2006年6月，武夷岩茶大红袍制作
技艺被列为首批"国家级非物质文化遗产"，2011年9月又代表中国乌龙茶
向联合国申报"世界非物质文化遗产"。

注：①毛火：茶叶烘干分两次进行，第一次烘干称为"毛火"。

* 恩施茶山

* 恩施玉露

　　从三坑两涧之中走出，武夷岩茶在沟壑之中养成了独特而优异的品质，它的外形条索肥壮，紧结匀整，带着扭曲的条形，在茶农们口中，这叫作"蜻蜓头"。而它的叶背鼓起了蛙皮一样的砂砾状，又叫作"蛤蟆背"。润绿的色泽带着一丝光泽，俗称为"砂绿润"，内质香气馥郁隽永，这一点最为奇特，是其他茶类所不具备的，被称之为"岩韵"。而对于"岩韵"的描述和界定，向来都是非常难以标准化，因为武夷岩茶滋味醇厚，爽滑润口，汤色橙黄，清澈艳丽，叶底柔软，这一切都是构成"岩韵"的基础，但若要真实明确地描绘它，却只能是通过经验丰富的茶人舌底的体验来汇集。

　　欣赏武夷岩茶之美，要欣赏它的形与色、香与味，而它的"韵"则是其中最难被体会到的。《武夷茶艺》这本书之中所记载的第四道武夷茶艺"叶嘉酬宾"，就是邀请茶人一起来欣赏武夷岩茶干茶的形态之美。而第十六道武夷茶艺"鉴赏三色"则是请大家观察茶汤在茶杯之中、之外三种不同状态下的颜色之美。第十七道茶艺"喜闻幽香"和第十九道茶艺"再斟兰芷"，以及第二十一道"三斟石乳"，都是让大家享受武夷岩茶带来的浓长悠远的香气，它独特的香不仅高爽持久，而且变化无穷，几乎每一泡都有不同的香气，即便到了第十三泡都还会有余香。武夷岩茶的岩骨花香便是通过这每一道的茶艺，注入了茶人的心底。

　　形成独特的岩韵，需要独特的茶种。武夷山素有"茶树王国"之称，便是因为这里丰富的茶树树种资源。根据历史记载，这里曾经有过1187种茶树，其中四大名枞有大红袍、白鸡冠、铁罗汉、水金龟，普通的名枞还有瓜子金、金钥匙等。此外，品种茶还有铁观音、乌龙、梅占、奇兰、雪梨、肉桂、桃仁、毛蟹、水仙等，这些武夷名枞的存在，是让武夷岩茶驰名世界的基础。

　　产于武夷山的茶，似乎天生就具备了高雅的气质，而它们每一款的名字，也让人耳目一新。武夷岩茶的名字都很美，这已经成为它深植人心的一大特点，水金龟、金锁匙、吊金钟、金柳条，这些名字不仅让每款茶的茶树外形跃然纸上，也充分利用了中文之中美好的字眼，带给人们许多遐想。除了这些名字之外，武夷岩茶优美的传说也为它增色不少。譬如大红袍，在传说之中有一位赴京赶考的书生，他途经武夷山的时候感染了风寒，好心的僧人收留了他，并将从悬崖峭壁之上采摘下来的茶叶做成了茶汤给他喝，一杯茶下肚之后，书生感到通体舒泰，风寒也很快就痊愈了。

后来，书生高中了状元，为了感谢僧人和那碗救了自己的茶汤，他将自己身上的状元红袍脱下来披挂在了茶树之上，以表谢恩。"大红袍"的名字也就因此而来。

传说增加了武夷岩茶的神秘之美，而茶香茶味带来的美名则让它更加深得人心。可是，武夷岩茶之美却不仅仅在于这些，它的茶质、茶种无一不在展示武夷山钟灵毓秀的赐予。在饮茶的时候，这些来源于大自然的美会体现得更加淋漓。

水器相偕，茶境之美

✳

当茶叶尚在树梢的时候，阳光雨露与它交汇，展现出令人惊叹的自然之美和造化之功。而当它终于来到人们的茶杯之中，饮茶之器、之水、之人和饮茶之境都将成为武夷岩茶之美的一部分。

器为茶之父，上好的茶叶必然需要上好的茶器来配合，才能品味到其中的真味。武夷岩茶的饮用者所使用的茶器多为宜兴紫砂壶，配白瓷杯。人们喜欢"杯小如胡桃，壶小如香橼，每斟无一两。"似乎在浅浅的饮啜之中，武夷岩茶的韵味会更加缠绵不休。

冲泡武夷岩茶所使用的宜兴紫砂壶在饮茶过程之中扮演着非常重要的角色，这种壶虽然历史不是最悠久的，但它的颜色古朴典雅，质地纯厚，充分折射出中国古典美学所崇尚的自然之美。武夷岩茶茶道之中有孟臣沐霖和乌龙入宫两个步骤，便是要宾客充分欣赏到紫砂壶之美。所谓的"孟臣"是指明代的紫砂壶制作家，后人用他的名字来指代茶壶。而"乌龙入宫"则是将紫砂壶比作龙宫一般，是一切滋味的发源之处。在"重洗仙颜"这一道步骤之中，紫砂壶被视为武夷山摩崖石刻，用开水浇淋壶身，让壶的外表更加洁净，同时也提高壶内的温度，让茶汤可以更加出味。在武夷山茶人眼中，紫砂壶泡茶不会走味，存茶不会变色，即便是盛夏时节也不会让茶变馊，所以它是武夷岩茶的绝配。

除了紫砂壶，源自于江西景德镇的白瓷杯是每一位茶人的挚爱，它还有一个名字叫作"若琛杯"，它浅浅的杯身最易于展示茶汤的色泽、味道。在武夷岩茶的茶艺第十道"若琛出浴"和第十六道"鉴赏三色"中，都要求充分展示白瓷杯。所谓的"若琛出浴"是用热水烫洗杯子，让它保持温度和洁净。而"鉴赏三色"则是邀请宾客欣赏茶汤在杯子里不同色泽，白瓷杯浅浅的底色最易烘托茶色，因此也最适宜用于欣赏武夷岩茶的茶汤茶色。和孟臣一样，若琛本是清代一位善于制作茶杯的匠人，后世用他的名字来指代名贵的茶杯。

在宋代时期，武夷山地区还曾经出产了著名的建盏。在武夷山遇林亭的建窑还曾经出土过这种茶杯，它风格独特、古朴雅致，美名远播海外，被日本茶道奉为上品，称之为"天目碗"。建盏的颜色深重，宋代流行点茶的时候用它来观赏茶沫是最合适不过的，在展示武夷岩茶的醇厚和岩韵的时候，建盏端庄厚重依旧是最合适的茶器。

宋徽宗的《大观茶论》之中曾经提出："水以清、轻、甘、冽为美。"作为直接影响茶汤质量的水质，向来都是茶人极为关注的一个环节。武夷岩茶的茶艺之中，水的品相、温度和水量的掌握都是很重要的标准。

在武夷岩茶茶艺第五道程序"活煮山泉"之中，强调了水对于武夷岩茶的影响。陆羽《茶经》中"五之煮"总结了水的等级好坏高低："其水，山水上，江水中，井水下。"这表明不同等级的水质对茶汤品质有影响。而要体验到武夷岩茶之美，最好是选用山泉水。因为武夷山有着良好的生态环境，水流清澈、水源充沛、水质优异，这里的山泉水富含钙、铁、镁离子微量元素，用它来冲泡武夷岩茶，可以让茶汤的滋味更加甘醇，令饮茶者意犹未尽。

在武夷山景区之中，泉水资源非常丰富，不仅滋养了茶树，更为茶人提供了最优质的水源。虎啸岩"语儿泉"、天柱峰"三敲泉"、桃源洞"金砖泉"、御茶园"呼来泉"、仙掌峰"碧高泉"等均为武夷品茗之名泉。这些名泉的水备受当地人青睐，因为它们个个都符合了清、轻、甘、冽、活的上等泉水标准。用武夷山天然优质的泉水来冲泡武夷岩茶，让水品之美和名茶之美融合，必将带来无上的饮茶体验。

在冲泡武夷岩茶的时候，上好的水质必须要有合理的操作才能烘托出茶味。水温和水量的掌控是饮茶时关键的两点。陆羽《茶经》中"五之煮"中说："其沸，如鱼目，微有声，为一沸；缘边如涌泉连珠，为二沸；腾波鼓浪，为三沸，以上水老不可食也。"武夷岩茶属于乌龙茶，叶片成熟，投茶量大，所以必须要用沸腾的100℃的水来冲泡才能激发出茶之真味。水必须要用旺火烧到涌泉连珠，为了保持这样的温度，必须要在冲泡之前就用开水冲烫茶具，也要在冲泡的过程中用开水淋壶，这都是为了保持茶具的热量，避免水温降低影响茶汤的品质。

冲泡武夷岩茶的时候，水量的多少也非常有讲究，因为水多水少都会影响到茶汤的品质。武夷岩茶的茶水比例，一般是1克的茶叶冲25毫升的水。将武夷岩茶投入紫砂壶之中，并用沸水来冲泡，让茶叶在壶中翻滚，说明水量和茶量之间的关系密切。掌握好茶水之间比例的同时也要掌握好浸泡的时间。一般来说，第一泡在20～30秒之间为宜，伴随着冲泡次数的增加，时间也可以稍微增加，品质优秀的武夷岩茶可以冲泡十多次而味道不衰减。水之美是成就武夷岩茶浓郁香气的根源，也是让饮茶者爽朗生津的基础。

融汇了茶之美、水之美、器之美，中国茶界之中的美学体现最终以一个绝妙的境界呈现出来，而此时的"境"则是中国古典美学范畴之中最难追求的部分，它必须要求人处于富有诗意情调的氛围之中，得到幽雅清静的意境。武夷岩茶的"境"之美也是茶人们一贯的追求，焚香静气，丝竹和鸣，从气氛到听觉、触觉上全面覆盖着人们对于美的追求。

武夷岩茶的茶席设计和其他茶类似，一般要有茶品、茶器、焚香、插花、音乐、茶点和工艺品等。焚香静气的过程是武夷岩茶区别于其他茶类的一道典型程序，点燃一支檀香，营造一番幽静的氛围，让香道和茶道之美完美地融合在一起，再根据茶的种类配以中国古典民乐，让意境的营造更加丝丝入微。茶席之上的插花艺术也会让茶之美得到更加完全的体现，用植物来营造出自然的美景，放置屏风、宫灯之类的装饰品，也可以让武夷岩茶的环境之美得到完善。

如果茶席设置在幽静的大自然环境之中，不管是竹林中、兰圃边、小溪旁，都可以让小桥流水、松竹和鸣的自然精神引入到茶杯，让人与自然精神相通，让心灵和环境交融，精神愉悦的同时也可以更充分地体会茶的美感，令人心旷神怡。此时我们更加可以体会到茶之美，在于自然淳朴、返璞归真的本性，从而达到"天、地、人"合一的境界。如果这种自然美景是武夷山的山水之美，对于武夷岩茶来说又是独特的加持，因为这里的秀水奇峰、幽谷险壑都浸润着悠久的历史文化，"三三秀水清如玉，六六奇峰翠插天"，茶中有景，景中有茶，更能在细微之处彰显武夷岩茶之美。

质文皆盛，岩韵解析

✳

武夷岩茶作为中国乌龙茶的翘楚之作，其"岩韵"是衡量茶叶品质高低的重要标准。但"岩韵"只是存在于人们的感官之中，什么是"岩韵"？如何表述和认定才是准确的？这一直都是困扰茶人的问题。在经验丰富的武夷茶人看来，所谓的武夷岩茶"岩韵"主要包括三方面的内容：其一是品种香显，其二是茶汤里也有这种香味，其三是饮后的回味余韵犹存。武夷岩茶的"岩韵"主要表现为香气馥郁，有幽兰之胜，锐且浓长，清则悠远，滋味浓醇，鲜滑回甘。

所谓的韵，在《说文解字》之中解释为声音相和，而韵的本意是指音节韵律，后来逐渐演化到开始指代人的精神面貌，再后来又扩大到对艺术创作的品评。北宋时期的诗人范温认为："有余意，谓之韵"，就像是"闻之撞钟，大声已去，余音复来，悠扬宛转，声外之音，其是之谓也。"这里所说的"韵"便是回味悠长，包括形外之态、言外之意、诗外之情、画外之趣、书外之神、茶外之味，所有这一切都可以用"韵"来描述。而武夷岩茶的"岩韵"，便是它独特的"茶韵"。

茶文化专家蔻丹认为，所谓的茶韵就是中国历史、风土、审美标准和个人修养体验的综合，并不一定是指茶的形、色、香、味，而是指一种精神境界，是一种茶味之外的味道。它可以是指人在品饮茶汤之后产生的愉悦、迷幻和浮想联翩的境界，也可以是余味不尽，茶外之味。而这种感受正是来源于茶，所以就称之为茶韵。

从茶韵出发，所谓的"岩韵"自然也就是饮用武夷岩茶的时候所产生的特殊韵味。它一方面来自于武夷岩茶的物质基础，包括茶树的品种和独特的生存环境，科学的栽培技术以及传统的手工制作技艺等因素；另一方面则是来自于品饮过程之中所带来的生理感官到精神审美的色、香、味、美、韵等逐级提升的综合感受。总而言之，"岩韵"就是指品饮武夷岩茶的过程中所产生的感官体验、化学特征、哲理表现以及审美特征为内容的综合感受。

从感官方面来看，武夷岩茶的"岩韵"主要体现在外形的紧结壮实和乌润，它浓烈干爽的香气，清澈艳丽的汤色，醇厚的滋味和红边显现的叶底，都造就了"岩韵"在感官层面给人的感受。之所以形成这种独特品质，和武夷岩茶的生长环境、制作工艺有密不可分的联系。武夷岩茶除了武夷水仙是小乔木大叶种茶树之外，其他的肉桂、大红袍、铁罗汉、白鸡冠等都是灌木中叶种茶树，这种茶树的茶青内质肥厚、外壁坚硬。武夷山独特的制茶方法在摇青过程中只破坏了一部分叶脉，让内部茶汁外流、氧化，再通过发酵、热炒、揉捻等工艺，形成紧结的外形。而鲜叶之中的醇类物质也造就了它独特的香气。水仙之中的乙醇含量最高，肉桂则以橙花叔醇含量最高。总体来说，香气的总量以正岩最高，半岩次之，外山更次之。不同品种的香气总量也不同，肉桂的香气总量是水仙的两倍，所以肉桂香气高锐，而水仙香气清幽。

从化学角度来看"岩韵"，武夷岩茶之中的微量元素含量和岩韵有直接的联系。茶叶之中富含多种矿物元素，钾、钙、镁、铁、铜、锌等元素不仅对于茶叶的生长有重要作用，也是茶叶营养价值的重要表现。武夷山的土壤地质属于白垩纪武夷层，下部是石英斑岩，中部是红砂岩、贡岩、凝灰岩、火山岩和砾岩五种组成，土壤通透性能良好，各种金属元素含量高，酸度适中，对于武夷岩茶的独特风味有很大贡献。

岩茶的品质不仅和各种生化成分的总量有关，而且和各成分之间的比例也有关。正岩土壤化学环境各因子对鲜叶内的营养元素含量影响作用不同，土壤之中的锌含量越高，鲜叶之中的锰含量也就越高，而土壤之中交换性钙含量越高，鲜叶之中全氮量就越低。同属于乌龙茶的武夷岩茶和安溪铁观音之间在品质上也有侧重，武夷岩茶的水浸出物、茶多酚、咖啡因含量较高，而氨基酸含量较低，这是它滋味厚重的物质基础。而铁观音的茶多酚、咖啡因含量则相对较少，酚氨比大大低于武夷岩茶，属于乌龙茶之中醇爽类茶叶。因此，比较而言岩韵来得快，喉感明显，韵浓而重，而观音茶的观音韵则清爽柔和，韵厚而悠长。

在精神层面，武夷岩茶的"岩韵"表现出了以和为贵、适口为美的哲理观。它虽然初尝微苦，在冲泡过程之中岩骨花香不断绽放，到第二泡时香气初露，茶汤香气自口入，连续三次，是所谓"三口气"，更有上者"七泡有余香"，可作为鉴别岩茶上品的标准。这种香气，来自于烹调水火，是武夷岩茶的烹茶之道，核心是中国传统文化中"和为贵"的中和思想。而适口则要求合乎时序，采摘原料要在谷雨后立夏前，对于采摘的嫩度也有严格的要求，过嫩则岩茶香气偏低，味道苦涩，过老则香粗味淡，成茶

正品率低。同时，在制作的时候必须要按照品种、湿度、温度的变化来看茶做茶，不管是做青、炒揉，都是熟化香气的重要环节，要求色味俱全，是"岩韵"形成的重要手段。

武夷岩茶之美，在于它的岩韵，而岩韵之美则在于饮茶者日常诗性生活之中。在传统的武夷山乡土社会里，村民之间的信息交流主要是在户外，在劳作之余，大家都需要一种情感交流和宣泄的休闲形式，于是从唐宋时期开始饮茶风气就进入到各个社会阶层，渗透到人们的日常生活。不管是官府的欢宴，还是民间的朋友相聚、迎来送往，又或是人生喜庆大事，武夷山人的生活之中到处都有茶的清香，到处都漂浮着茶带来的清风。这种将所有的生命机能与精神需要都停留在对茶味追求的原始本能中的状态，让一切政治伦理所带来的生命痛苦被消解得一干二净，这也是武夷山茶人与日常生活须臾不可分割的诗性精神。

感受武夷岩茶之美不仅是饮茶，更是一种高级的审美活动。它可以让你暂时脱离俗世的喧嚣，以平和淡然的心态进入到武夷岩茶的品饮活动中，不知不觉间从感官到心理都活得愉悦，然后达到审美的逐级提升。探寻武夷岩茶茶韵味的审美之旅起始于茶叶进入白瓷盖碗或紫砂壶的那一刻，存在于茶汤入口的那一刻，更在于施茶者淡然从容、豁达的茶人气质中，在于茶客间淡如水的君子之交中。饮一杯武夷岩茶，让茶德茶礼带给你久违的温润的人文精神，让人心之间高筑的壁垒在茶香中瓦解，你会禁不住感叹：生活，多么美好！

贰

坚守与传承

源自历史的风味

　　宇治，因茶而著名的日本城市。

　　煎茶，是日常绿茶的统称。而那些标志着最高等级的绿茶，则被日本人赋予了一个诗意的名字——玉露。在日本，"玉露"也代表着一种茶叶的标准。来自日本宇治的玉露绿茶，色泽深邃，口感中呈现出一丝海苔的味道。玉露在冲泡的时候，水温是一定不能高，大概在50度到60度之间。如果水温高，它的物质析出会非常快，茶叶就会苦涩。

　　采摘新茶的季节又一次来临。修剪茶树，是茶园主人杉田先生每天必修的功课。他的茶园位于宇治附近的和束町，那里的丘陵地貌最适宜茶树的生长。

　　杉田先生精心打理着自家的茶园。黑纱，覆盖于茶树之上，这样的技法，是为了减少植物的光合作用，从而在降低茶树鲜叶中茶多酚的同时提高茶叶里叶绿素的含量。黑纱是用架子支起的，这样能避免触碰茶树的嫩芽。覆盖20天以上的茶园，采摘制做出的茶，苦涩度变低，口感更为鲜纯，这样的茶叶才有资格被称作玉露。

＊　恩施茶山

＊　茶田风光

* 日本机器采茶

不同的地区，在茶叶的采摘上，或用机器或双手天壤之别。但人们都自信能够掌握塑造口感的秘诀。杉田先生的茶园采摘用的是机器。使用自动化的采茶机剃去茶树的新叶，杉田先生操作的时候十分谨慎，仔细程度如同为茶园修剪发型。收割下来的鲜叶，即将被精挑细选，制作成顶级的玉露茶。

杉田先生家的茶叶作坊，如今已经实现了全面的自动化。新摘的鲜叶被投入锅炉，锅炉将提供恒温蒸汽，三十秒左右的蒸青将保持茶叶的风味，阻止发酵。这种机器操作看似并不需要高深的技巧，却要精准的时间与温度，这样标准化的方法，造就日本玉露的经典形式。

人们对茶叶口感甘甜醇和的渴望，源自本能。不同的国度有着不同的方法，暴晒遮阴，张扬内敛，各有缘由。这其中有茶的滋味，也有人的期盼。

与山外的世界相比，湖北恩施山里的时间更缓慢一些。群山深处，有着古老的习俗，也有着千年之前唐茶的源头。2005年，张文旗来到恩施，和几个朋友一起考察旅游项目。一个偶然的机会，听说了恩施玉露这一款茶。凭借着职业商人的敏锐嗅觉，张文旗意识到，这其中会大有文章。于是，2005年底他只身一人来到恩施，毅然决定来做"恩施玉露"这一款茶。那时他唯一的信念就是：一定要把唐代的名茶——恩施玉露恢复出来。

源自中国唐代，一种古老而神秘的绿茶技艺——蒸青，此刻正揭开口感的悬念。传统认为，唯有利用蒸汽杀青，才可以带来绿茶最为自然的颜色和最为纯粹的鲜美口感。

茶叶吐露清香，化为松针的形状。这是恩施的玉露茶最具标志性的特点。

绿茶里面的蒸青工艺是最古老的茶叶制作工艺。恩施玉露是中国的名茶里面唯一的一种保持着这种古老的蒸青工艺的一种茶。它不同于炒青绿茶的一个非常明显的特点就是三绿：干茶比较翠绿，茶汤类似于青绿，叶底是一种嫩绿。

玉露，代表着恩施这方原产地。罕有的传统技艺也让它成为中国绿茶蒸青的代表。传统跨越千年时光之后，中国茶叶曾经最主要的技法因为悠久而又断代的历史影响着它的效率，所以使用传统蒸青工艺的恩施玉露产量总体并不大。

此刻张文旗正用传统的蒸青工艺演绎恩施玉露的制作。

蒸气，是抽笼和茶叶之间的媒介。沸水带来的高温，迅速破坏鲜叶细胞结构。热力作用产生出奇妙而丰富的体验，植物与生俱来的香味开始弥漫。这是温度和草木之间分寸感的对决，焕发着原始的生命张力。

扇凉，让茶叶迅速降温，目的在于终止氧化，使茶叶彻底保持最鲜活的状态。

焙炉，50度到80度，悬手揉搓，抛散初干。这个传统的技艺，被叫作"产二毛火"。

揉捻后的茶叶，水分继续渗透，这种过渡性的缓解，是为了彻底降下茶叶中所有的水分，为最终的整形上光打好基础。

茶叶的形态，将被双手搓成根根形似松针，条条紧细挺直。这是史书上记载，恩施玉露的传统样式。张文旗触碰着历史的标准，尽力恢复历史记载中的恩施玉露。传统手工的制作技艺恢复了，但却避免不了产量低的现实情况。恩施玉露供不应求的现象，让张文旗一次次陷入困惑。

* 张文旗制作恩施玉露视频

当远离了唐宋的幽思情怀后，现代人喝茶，似乎变得苍老而又实际。恩施玉露的产量远不能满足这种奢望。如何运用现代手段，还原出"蒸青"这一传统的经典技艺，提高茶叶产量，唤醒历史味道，让科技和速度成就口感体验。张文旗解决了自己的困惑。从日本定制的玉露制茶机器，此刻正魔幻般利用现代文明重复着传统技艺。

这是张文旗反复研究制作出的成品。如同一出茶叶脱胎换骨的表演，只有将大幕拉起，在入口感受的那一刻，真正的味觉，才会完美亮相。

同样的蒸青技艺，同样的传统手法，倘若让中国的玉露，与日本的玉

* 日本玉露茶田　* 日本玉露

* 日本玉露干茶　* 日本玉露品茶

露，对等品饮，又会是怎样的一幕？如同历史上那些棋逢对手，将遇良才的故事，在宇治知名的品鉴师尾上祥太眼中，中日两款玉露，即将上演着神奇一幕。

"日本的玉露呈深绿色，有着海苔一样的香气，这是很好的。"

"跟宇治茶相比，中国茶变化更多，与宇治玉露相比，恩施玉露的味道更加有层次感。第二层和第三层的味道，也很丰富。"

这场特殊的比较，宛若华山论剑，紫禁之巅的凛冽决绝，江湖切磋。也好似唐风宋雨，诗词歌赋的金风玉露，婉约相逢。

人们在茶的口感中，追求着一种极致的工艺标准，在这份标准中，又求得方寸间的微妙变化。沿袭中国传统的日本玉露和来自湖北古老的恩施玉露，是时间与空间的跨越，亦是变与不变的相辅相成。两种茶，完美呈现了坚守古老技艺的一次时空对话。

入座半瓯轻泛绿
开缄数片浅含黄

——传承唐宋气韵的恩施玉露茶

以蒸汽杀青是中国古代茶人的杀青方法，这一传统技艺在唐代时期传入日本并沿袭至今，而中国茶人制茶却从明代开始改为锅炒杀青的方式。利用蒸汽来破坏鲜叶之中的活性酶，可以获得成茶色泽深绿、茶汤浅绿、茶底青绿的效果，恩施玉露便是少有地继承了这种制茶技艺的茗茶。它独特的清香，仿佛初春时刚冒出的鲜绿，有着让人感动的生命跃动。

钟灵毓秀，"真茗茶"出

在历史上，恩施是巴国的一个重要组成部分，位于湖北的西南部，东接荆楚，南接潇湘，西临渝黔，北靠神农架，这是一个奇山异水的世外桃源，崇山峻岭将外界的纷扰隔绝开来，让它安然地度过了岁月的变迁。也正是因为这个原因，恩施玉露成为中国唯一的蒸青绿茶，从唐宋一直到现代，原汁原味地保存了古茶的真味。在某种意义上，恩施玉露堪称是中国茶叶之中的活化石。

　　在恩施，饮茶的风俗由来已久。尝百草的神农氏日遇七十二毒，得茶而解，而他所活动的区域就在神农架地区。因此这里可以算是我国最早开始利用茶的地区之一。成书于东晋时期的《华阳国志》记载了武王伐纣、巴人献茶的故事，说明在遥远的西周时期，巴人就已经开始饮茶和种茶，而且在他们的眼中茶是非常珍贵的物品，所以才会被献给统治者。东汉时期的《桐君录》也记载，巴东地区有"真茗茶"，煎饮令人不眠。到了三国时期，恩施的茶就更加广为人知了，在《广雅》之中记载当地的茶农采摘茶叶，制作茶饼，而且还将"叶老者，饼成以米膏出之"。在这些严谨的史志之中，对恩施茶的详细记载折射出了古时人们对它的珍爱。

　　陆羽在《茶经》之中写道："其巴山峡川，有两人合抱者，伐而掇之。"这里所提到的是关于茶树起源的来历，而陆羽所认为的"巴山峡川"是指重庆以东，湖北以西，以恩施地区为中心的山川峡谷地带。产自于这一地区的古老茶树需要两人合抱，但是在后世之中，因为自然灾害、人工砍伐等原因，这些茶树都逐渐消失了。现在，在恩施地区还有一些数百年的古茶树，也佐证了陆羽当年关于恩施古茶树的记载确有其事。

　　茶圣陆羽原本就是湖北人，他在唐代天宝十五年（公元756年）游学于巴山峡川，寻茶问泉，从三峡一带向着宜昌、南京前进，后来又在江浙地区写下了流传千古的《茶经》。从神农氏到陆羽，茶文化在不知不觉之中传承并发扬。

天泽润物，恩施玉露

※

　　恩施玉露，又叫作恩施玉绿，因为在古音和当地的方言之中，"露"和"绿"是想同的读音。而如果将这款茶叫作恩施玉绿，似乎更加可以契合蒸青绿茶的高颜值。它那如同翡翠一样的外观，油润鲜嫩，分外悦目。1936年，恩施玉绿被正式确定为恩施玉露，究其原因，也许是因为做出来的干茶脱去了绒毛，让翠绿油润的干茶毫白如玉的特点更加显露了。不管是俯察还是远观，它都像是翡翠上的露珠，又好似是清晨松针上的甘露，所以叫"玉露"也非常贴切。

在恩施玉露的传承人眼中，这款茶所承载的不止是饮品的职责，更是历史的传承和茶人的数百年坚守。在康熙十九年，恩施芭蕉乡的黄连溪，蓝氏家族首先研制出了"玉绿"茶。传统的玉露茶制作，是以蒸青灶和焙炉作为基础工具，让高温蒸汽穿透鲜叶组织，破坏茶叶之中活性酶，运用蒸、扇、炒、揉、铲、整六大核心技术，以及搂、端、搓、扎四大手法，制作出紧挺圆直、形态恰如松针的蒸青绿茶。

这一传统技术的来源，如今已经找到确切的文字记载，但根据当地人的口口相传，早在商周时期就已经有了恩施茶的制作技法。唐代的"南方茶"也有关于它的记载，而作为创立者的蓝氏一族早年在江西经营茶叶，后来迁至恩施，他们在外所经营的茶叶也是具备了针形、螺形或扁装特征的绿茶。根据历史记载推测，很有可能是蓝氏定居在恩施之后，从江西等地区引进了制茶技术，在恩施当地开办了做茶的作坊。因为清朝初年的恩施还有另外一个名字，叫作施州卫，是土家族、侗族、苗族等少数民族聚居地区。少数民族特有的文化形态在大山深处不断发展，让这片桃源一般的世界保持了最原始的制茶技法，让唐宋时期的蒸青工艺得到了完好的保存。

使用传统技术制作的恩施玉露，要求具备三个基本特征。首先要采用高温蒸汽来杀青，手工整形上光。其次，干茶的外形要匀直、紧圆，色泽翠绿，油润好似鲜绿豆。其三，茶叶的香气要清高、隽永，具有其他茶类所没有的鲜香。由于受到外来制茶技术和文化的冲击比较少，所以蓝氏家族将蒸青技术保存下来，也将历史保留在了施州，他们废弃了团茶，改为制作散茶，并且改造出了松针状的散茶，提高了恩施茶的品位和香气，成为当时恩施人们广为传颂的功德。而在清朝初年的少数民族地区，很多茶农都保留着蒸青方形茶砖的工艺，这是当时极为普遍常见的工艺。湖南安化的安化黑茶，以及同在湖北的羊楼洞青砖茶，都曾一度辉煌于清代，这都是恩施茶技法完好保存的最好证明。

×

恩施玉露对于茶叶品质的追求让它对鲜叶采摘有了更高的要求，所采摘的茶青多为单芽、一芽一叶或者一芽两叶初展。在恩施黄连溪的高山之巅，恩施玉露的原生群体种苔子茶便生长在这里，它们野生在杂草和灌木之中，有的可以达到数米高，芽长于叶，叶色深绿柔软，是制作恩施玉露最传统的土生茶种。而现在，也有很多的新品种引进到了恩施，龙井43号、福鼎大白茶、浙农117等新品种，不仅继承了原有品种的特色，还提高了茶的香气与滋味，很多茶农就认为龙井43为原料制作的恩施玉露具有更好的茶味，但也有一些人认为只有最原始的茶种，才能保证恩施玉露茶香的丰富性，只有苔子茶才能代表玉露茶的地方特征。

得到了最优质的鲜叶之后，恩施玉露的制作还有几重不同的挑战。制作玉露茶的茶农都会选择最原始、最简单的工具，过去所采用的蒸青灶，是借用蒸饭的普通锅灶来完成，这与当地的少数民族生活习惯、文化特征相符合。否则的话，早在清代就有可能改变成炒青或烘青绿茶了。将鲜叶进行摊放、蒸汽杀青、扇干水汽、炒头毛火、揉捻、铲二毛火、整形上光，之后便是焙火提香、挑拣精选等工序。

蒸汽杀青是最能体现恩施玉露特征的关键工序，蒸青工艺的优劣可以直接影响到成茶的色、香、味的品质，尤其是茶外观之中的翠绿与它有直接的关系。如果在蒸青的时候温度过低，就会出现杀青不透的现象，导致茶的青气过重，茶的滋味就会变得苦涩，或者出现红梗红叶的氧化现象。如果蒸青的温度过高，则会出现杀青过度的现象，让干茶的颜色变得深暗，香气和滋味也会出现熟焖的气味。只有精巧地掌握住杀青的程度，才能让玉露茶呈现出外观本该有的油润度，让汤色呈现出碧绿色，让叶底呈现出嫩绿色，这便是恩施玉露独特的"三绿"了。

经过了适度的蒸青之后，从蒸青的抽屉里将茶叶取出，必须要迅速地将水汽扇干，让茶叶快速地散热降温，这道工序在恩施玉露的制作过程中也很关键。《茶经》之中记载了扇干蒸青茶叶的机会，如果动作迟缓，会导致茶叶之中的膏汁流走，而快速扇干可以减少茶的氧化，避免叶黄、汤浑、熟焖邪味的出现。在唐代的制茶工艺之中，扇干已经成为非常重要的

一环，唐代茶人制作绿茶的时候就采取了这种方法，而明代茶人更是继承了这一做法。在明代《茶笺》中记载了松萝茶的制作方法，便提到必须要有一个人在一旁扇干，以祛除热气，否则色香味俱减，并且"扇者色翠"。

当蒸青的鲜叶降至常温之后，就可以进入到炒头毛火的工序了。这一道工序比较特殊，需要在140℃的焙炉盘上，由茶人手工操作。这样做的目的是为了继续挥发水分，同时利用茶人不同的炒制手势，揉捻成形，促进茶叶之中所含成分的转化，为茶叶的色、香、味、形奠定基础。经过炒头毛火之后的茶叶必须要迅速摊薄冷却，然后再次在焙炉上加热揉捻，铲二毛火之后再次冷却。这样反复的操作之后，茶叶内部的水分会重新分布，为整形上光创造条件。这种做法和古人在制茶时所采取的"揉则其津上浮，点时香味易出"有异曲同工之妙。

经过以上几个关键的工序之后，将制好的茶叶进行焙火提香是最后的一步。传统的恩施玉露制作工艺都采用竹篾编成的焙笼，选用无烟无味的白炭。在焙火的时候，还要在竹篾上铺一层当地树皮纸，让它起到隔绝烟味的作用。在无焰暗火的慢慢烘烤之下，茶叶被逐渐焙干，香气也逐渐弥漫开来，经过这一系列工序，上好的恩施玉露就这样呈现出来了。

叶色翠绿、香味鲜爽，由于在茶人的眼中恩施玉露异常珍贵，所以它曾经被民间叫作"蓝氏希焙"。即便岁月已经流转了千百年，但这道承载了唐宋气韵的茶却依旧隽永。

〜〜〜

清晨唤醒山谷中的生命，人们敏锐感知到，这是时间所发出的信号。

乾坤交替，日月轮回中，时间稀释着自然，有着一套严格的法则。

择时而来，趁时而制。随季而话，每一种茶都有着自己的时间轨迹。

奔跑的时间在带来速度感的同时，也带来人们的朝花夕拾，聚散离合。原产地中，戏剧般的故事开始演绎。

第四章

✳

时间在

奔跑

壹

凤凰单丛

时间的悬念

相同的时间，不同的原产地，茶，以本真的姿态，变幻着丰富的表情。

时间，塑造着人与茶的相处之道，也让背后许多陌生却真实的场景浮现出来。

然而风起云涌、悲喜枯荣里，藏着看不见的、真正的速度。

茶，正被时间以奔跑的状态，为人们成全出最好的口感。

当水与茶相遇之时，

这是人的一刻，这是茶的一生。

* 太平猴魁采摘

广州的清晨，传统的茶楼。悠闲时光中，汇聚着不变的口感。

味觉体验，源自本能。千姿百态的早茶门类里，凤凰单丛担当起最为重要的角色。

距离广州500公里外的凤凰镇，是凤凰单丛的产地，也是孕育口感的源头。

日渐升温的天气，让汕头茶商张朝泽不安起来，他需要在茶季来临前，赶到凤凰镇乌岽村。

凤凰天池，乌岽山脉，900余年种茶历史，330亩茶园，最高海拔1319米。云雾弥漫中的乌岽村，是广东乌龙茶名品——凤凰单丛最著名的原产地。

凤凰单丛的香十分丰富，当地茶农把它分为十大香型，然而在每一种香型里面，如果制作工艺上稍有不同，这个茶香的层次又会有很多的变化。凤凰单丛的茶中多酚类含量比较高，所以它的味道会比一般的茶浓，好的凤凰单丛除了味浓以外，还会回甘生津，口感非常好，而且十分耐泡，优质的凤凰单丛甚至可以泡到三四十泡。

在与茶农郭学雄合作的十二年里。张朝泽每年都要第一时间收到最好的凤凰单丛。这种以香气闻名的广东乌龙茶，被潮汕人形容为"能喝的香水"。而决定香气的关键，是时间带来的悬念。

漫长时光里，天地万物有着属于自己的精准节奏。人们必须遵从自然，赶上时间的脚步。速度一旦失之毫厘，口感便会差之千里。

最佳时间的判断，源于历代茶人多年的经验，有着教科书般的严苛。口感所呈现出的分寸变化，开始渗透于第一道环节中，每一个争分夺秒的瞬间。

人与茶敏感的神经，正被无形的速度刺激着。显得徘徊不定，却也游刃有余。

顶级原产地，古树荟萃。两百年以上树龄的茶树，乌岽村就有三千多株。

土地孕育出的悠远，触手可及。古老而又漫长的生命节奏，正呼应着茶季里时间的紧凑。

黄昏，温度开始缓和。20℃，恰好是制作单丛的最佳时机。老茶人郭民平丝毫不敢怠慢。

毕生经验，换得对规律的掌控。温度与湿度，成就香气的前提。源自对口感的期盼，有限的制茶时间里，是人们无限的想象空间。

窗外日落月升，屋内热闹非凡。乌岽以及周边村落的女人们，汇聚于此，这种因茶季而组成的特殊结构，犹如一个庞大的临时家庭。

忙碌的茶季，让原本在平淡日子里，或相识，或陌生的人们，开始聚集。

四野无声，微闻犬吠。奔跑的时间，暂时放慢了脚步。茶季里相同的速度节奏，塑造出不同的生活感受。人们在简单中捡拾着微小的欢乐。

天空深远，岁月丰厚。年复一年的浓重山影里，是日复一日的辛勤劳作。乌崠村的夜，正弥漫着生机。犹如平静中孕育奇迹，人们盼望着最为朴素的茶，能出落的香气宜人。在时间的快与慢中，寄托着等待和希望。

人与茶，彼此维系着某种平衡的生存之道。一如流淌在血脉里与生俱来的力量。

人对茶的期待，时光中分秒凝重。茶如人的心情，掌心间暗香涌动。

无眠，睡在哪里都是睡在夜里。无眠，醒在何处都是醒在梦中。

对于郭学雄来说，片刻的小睡，都是一种奢求。

凤凰单丛的冲泡。快，是最大的特点。投茶，洗茶，出汤，一定要快且轻。唯有这样，才能发茶香，益茶味，顺茶理，尽茶情。

斑驳的汕头老城里，忙碌的茶季过后，茶商张朝泽迎来了今年的第一批的凤凰单丛。他判断着不同的香气，决定挑选出最适合的一味，作为斗茶聚会时自己的代表。

茶浓，味重，是潮汕人的饮茶的偏好。对潮汕人而言，茶和生活密不可分，是必不可少的陪伴。男人到女人，孩童到白发，每一个细节中，几乎都有茶的踪迹。人们视茶如米，这份依赖，早已超越了茶本身的意义。

无论是围棋间的黑白交锋，或是斗茶聚会上的高低排名。人们性格基因中的斗性，都将化作欢歌笑语。既追逐博弈胜负的快感，也享受一团和气的释然。

交锋，本是斗与和的相辅相成。以斗为始，以和为终，茶叶，更像是一门东方独有的哲学，蕴含着人情练达中的处世之道。

夷公细奉修正果
乌龙降露甘茗家

——花香蜜韵的广东乌龙茶

广东是和台湾、福建并列的中国乌龙茶三大产地之一，这里所生产的乌龙茶主要分为三类，单丛茶、乌龙茶和色种茶。其中色种茶以大叶奇兰茶、八仙茶、梅占茶、金萱茶等最为著名，乌龙茶以石古坪乌龙茶、大埔西岩乌龙茶为代表，而单丛茶之中最著名的便是岭头单丛和凤凰单丛了。很多人认识乌龙茶都是从凤凰单丛开始的，而除了它，广东还有许多名茶等待着人们去感受。这里地处热带和亚热带，具有高温多湿的气候条件，雨量充沛，土壤肥沃，地理条件得天独厚，极其适宜茶树生长，而采制工艺的传承和不断提升，也让广东茶在时间的酝酿之下，风味更加多样。

单丛茶：蜜韵深远，喉韵含香

✳

广东的乌龙茶主要分布在潮州的潮安县、饶平县、揭阳市的普宁与揭西，还有梅州地区的梅县、大埔岭、蕉岭县、兴宁市等，在粤北地区的英德市和粤西地区的罗定、廉江市，也有一些茶叶产区。

* 凤凰单丛

作为单丛茶中的佼佼者，岭头单丛茶最突出的特征，便是它独有的蜜韵。这种茶原本是由饶平县坪溪镇岭头村茶农从凤凰水仙中选种培育而成，又叫作白叶单丛茶。它的茶树属于小乔木，中叶型，叶子为长椭圆形，叶色黄绿。

岭头单丛茶有六大特色，分别是香、醇、韵、甘、耐泡和耐藏。它条索紧结，重实匀净，色泽光艳。内质香气四溢，蜜韵深远，附杯性强，汤色蜜黄，清新明亮，滋味醇厚，润滑舒畅，回甘力强而快，饮之让人感觉甘美怡神，具有清心爽口之感。

作为国家级优良乌龙茶品种，岭头单丛茶这种特别的花蜜香韵已经成为它的标签。经过科学分析发现，造成这种独特韵味的原因是因为岭头单丛茶的茶多酚含量高达30.1%，而水浸出物高达40.2%，儿茶素总量124.3mg/g，所蕴含的香气成分多达70余种。

现在，岭头单丛茶的茶树不仅生长在原产地，也在其他地方有引种，用地方名称进行命名，就有了兴宁白叶单丛茶、大埔白叶单丛茶等不同的品类。但是各地的生态环境有差异，采制技术也有不同程度的变通，所以让成茶的品质风格也出现了各种特色。铁埔镇产区所生产的铁埔白叶单丛茶，清新持久，带有微微的花蜜香，茶味醇厚甘香，饮之舌底有余香。出产于梅县雁洋镇的阴那山单丛茶蜜香持久，口感甘香、滋味醇厚。而梅县雁南飞茶田所生产的雁南飞单丛茶，香高持久、滋味醇厚、喉韵回甘。此外，还有兴宁市所出产的三峰白叶单丛茶，丰顺县所出产八乡白叶单丛茶，蕉岭县所出产蕉华白叶单丛茶，以及罗定市所产的香型白叶单丛茶，也都各具风味。这些乌龙茶每一个都甘醇爽口、蜜香高强、味浓适口，同时也具有广东乌龙茶耐冲泡、耐储藏的特点，自然成为很多人茶杯之中不可或缺的珍宝。

在潮安县凤凰产区之中所生产的凤凰白叶单丛茶，也属于岭头单丛茶的引种，它香气清高优雅，富含自然的香甜花香，滋味甘醇顺喉，鲜爽生津。这一切得益于潮安县凤凰镇凤凰山那峰峦叠嶂、云雾弥漫、空气湿润的自然环境。这里夏天的时候丝毫不会感觉炎热，而冬天的时候也不会感觉到寒冷，每一个角落都是最适宜茶树生长的地方，自然每一个角落都种满了茶树。

凤凰单丛是从国家级良种凤凰水仙群体里选育出来的优质单株，成品茶的品质毋庸置疑。沁人心脾的花香果味让凤凰单丛有了独特的山韵，也因此划分出了几十个品系和类型。根据《潮州凤凰茶树资源志》的介绍，凤凰单丛茶中自然花香型的有79种，天然果味香型的有12种，其他清香型的有16种。这些优质的单株鲜叶，经过茶人的一双巧手，都制成了名茶，譬如黄枝香茶、芝兰香茶、桂花香茶等。

茶树是名品，成品茶自然也是名茶。凤凰人民用几百年的时间精心培植，让凤凰单丛成为当地人最宝贵的品种资源，它内含物丰富、芳香物质含量之高是其他茶类无可比拟的。根据对凤凰单丛内含的化学成分和香气成分的分析，它的水浸出物达39.07%，儿茶素含量达125.01mg/g，共鉴定出104种化学成分的香气组成，这些物质分子量多数属于高分子量化合物，香气特征大多属于自然花香和果香，并且以高沸点居多，所以在感官上广东单丛茶的香气更加馥郁、清长，具有独特的山谷香韵。也正是因为这一特点，冲泡单丛茶的时候，便有了独特的方法，一般来说第一、二泡的香味比较清纯，而三、四泡的香气馥郁味浓，到第五、六泡的时候茶韵显得极为甘美，再泡时茶香悠然尚存，回味悠长。

✕

在广东乌龙茶的细分类之中，创制于20世纪70年代的西岩乌龙茶依靠得天独厚的自然环境，在大埔县西岩山一带的高山云雾、茂密林木之中，孕育出了一段独特的茶韵。西岩山一带土质肥沃、相对湿度大，群山环抱创造了直射光较少、漫射光为主的环境，为茶树的平衡生长带来了契机。这里的茶树芽叶肥壮、叶质柔嫩、叶色鲜艳，含有丰富的氨基酸和芳香物质，鲜叶之中这些丰富的内含为制作名优好茶奠定了良好的基础。

20世纪60年代，从福建、广东饶平等地方引进的岭头单丛、梅占、大叶奇兰和凤凰水仙等优良的茶树品种，开始在茶叶市场的引导下向着高香型发展。西岩乌龙茶的茶树品种原来是小叶种、抗性强，芽叶多为紫色，成茶香气高长，在种植面积不断扩大、制茶技术不断改进和提高的基础上，小叶种茶树也被改良。

顶级的西岩乌龙茶具有香、甘、清、滑、醇五大特点，并因此而蜚声海内外。制作这款茶的加工工艺分为鲜叶、晒青、做青、杀青、揉捻、干燥六道工序，每一道工序之中都饱含着茶人们对西岩乌龙茶神秘香氛的崇敬。采制之后的茶叶，外形紧结，稍有卷曲，色泽乌绿匀润，内质香气馥郁持久，滋味醇厚爽口，汤色橙黄明亮，叶底绿腹红镶边，耐于冲泡。

作为广东乌龙茶代表之一的石古坪乌龙茶和西岩乌龙茶一样，也有耐泡的特点，冲泡十多次依旧芬芳，让茶人沉醉。除此之外，石古坪乌龙还有"二耐"，也就是耐烘焙、耐储藏，就算用文火来多次慢慢烘焙，它的茶味也不会受到损伤，而且储存一两年也依旧可以做到色、香、味无损。

石古坪乌龙茶产于潮州市潮安县凤凰镇的石古坪畲族村，此村位于大质山山腰，这里的种茶历史已经超过了一百年。灌木型的茶树分枝密，叶子呈现为椭圆形和卵圆形，锯齿细腻而且锋利，颜色深绿，叶质薄而脆，芽头有茸毛。虽然优质的石古坪乌龙茶都产于这里，不过这一区的茶叶却也有小叶和大叶的区别，一般而言，小叶制作出来的茶叶品质与风味都胜于大叶。

以地名为茶名，是很多茶叶原产地约定俗成的规矩，石古坪既是茶树品种的名字，也是茶叶的名字。为了保护这一宝贵的品牌，当地的茶人对它极为珍视，采制的工艺也要求严格，制作更堪称精细。在采摘青叶的时候，当地人都遵照着"三不采"的原则，也就是不采雨水叶、不采露水叶、不采太阳下山叶。鲜叶采摘的标准以驻芽梢二到三叶为最宜。制作的工序也严格按照晒青、做青、杀青、揉捻、干燥和贮藏的要求，力求做到细致无遗。

小叶石古坪乌龙茶外形美观、细结，色泽乌绿鲜润，内质芬芳馥郁，有一种自然的花香。冲泡之后的茶汤颜色清澈亮丽，滋味醇厚鲜爽，饮之甘芳长留，有明显的山韵，叶底匀齐鲜亮，叶缘还有一线红的特点保留。而大叶石古坪乌龙则显得粗实，内质清高，滋味甘醇，耐泡性好。

不管是小叶，还是大叶，石古坪乌龙都是广东乌龙茶中的佼佼者，代表着广东乌龙的高品质，并且在历届全国名优茶的评比中获得奖章，为粤茶人争光彩。

色种茶：清甘味，透天香

※

在台湾、福建和广东汕头等多地区，都可以看到优质的色种茶，广东的色种茶则因为南华大叶奇兰茶和龙兴水仙香茶等名茶的缘故而备受关注。

南华大叶奇兰茶的原产地主要位于广东兴宁市，选取灌木型、中叶类的迟芽种奇兰茶树，取茶树梢头的二到三片叶子作为原料，经过晒青、做青、杀青、揉捻、初烘和复焙等工序，历经十三四个小时制成。

和其他的广东乌龙茶类似，南华大叶奇兰茶的外观也显得紧结匀整，色泽青褐光润，不同的是它的内质香气，充盈着悦鼻的花香，而且汤色橙黄明亮，滋味醇厚爽口，回味甘甜，叶底软亮。

同样产于广东兴宁市的三峰黄金桂茶属于半发酵乌龙茶类，它的制作原料是大叶黄旦茶树的鲜叶，成茶具有花香，味浓耐泡，而且上市早，满足了茶友们喜欢尝新的需求，因此获得了很多人的喜爱，被称之为"黄金贵"。这种茶叶内含物丰富，水浸出物40.58%，茶多酚31.58%，儿茶素总量129.31mg/g。

制作三峰黄金桂茶的方法和其他色种茶类似，都需要经过晒青、凉青、做青、杀青等工序，随着工艺的发展，现在都已经采用机揉、机烘，

最后使用手工足干。三峰黄金桂茶成茶品质外形紧结匀净，香气非常幽雅，有花香显现，在原产地还被人称之为"透天香"。广东人称黄金桂有"一早二奇"，早是指它萌芽得早，采制早，上市早。而奇则是指茶的外形"细、匀、黄"，茶的内质"香、奇、鲜"。正是因为有了这些特点，它才素有"未尝清甘味，先闻透天香"的美誉。

由广东省农业科学院茶叶研究所培育的鸿雁金萱乌龙茶和龙星水仙香茶也是广东色种茶的代表，金萱乌龙茶选用了产自台湾的优良品种金萱茶树鲜叶为原料，外形圆浑，被誉为"绿似珍珠"，香气具有轻柔的花香，还微微带着一丝奶香，饮之令人感觉幽香沁齿、轻快爽适。而龙星水仙香茶的原料则选用谭山水仙茶树鲜叶，经过晒青、做青、杀青、揉捻、初烘、足干、拣剔等工序精制而成，成茶香气清高、汤色明亮、口感甘鲜，经过多次泡饮之后，香味犹存。

色种茶作为广东乌龙茶的一个小类，不仅丰富了乌龙茶的类目，还更体现出了原产地茶人的智慧，正是因为他们的继承发扬、推陈出新，才让中国茶界愈加异彩纷呈。

广东乌龙品饮艺术

×

广东人爱喝茶，并且善于喝茶，广东乌龙的品饮以潮汕工夫茶的品饮方法最为著名。清代俞蛟曾经在《梦厂杂著·工夫茶》中记载："工夫茶，烹治之法，本诸陆羽《茶经》，而器具更为精致"。由此可见，广东乌龙茶的泡饮方法不仅历史悠久、源远流长，而且是以精致、讲究为最大特色，堪称是中国茶饮艺术的活化石。

潮汕工夫茶的品饮，不仅是为了来解渴满足生理需求，还是为了满足让人身体健康、健美的需求，同时也是一种高雅的艺术修养和传统美德。在冲泡和品饮的过程中，所使用的茶具和动作流程，都是一种艺术。其流程基本分为五个步骤，分别是选茶、选水、选具、烹茶和品茶。

选茶是指选择原产地的乌龙茶，作为品饮的主选茶品。选水是指选择水质较好的水类来冲泡茶叶，现代人多选择矿泉水或纯净水来冲泡。而选具则相对复杂，因为潮汕工夫茶的茶具构成较为繁复，主要有18种茶具，其中潮汕风炉、玉书、孟臣罐、若琛瓯等四宝是区别于其他茶类的独特茶具。风炉是一种缩小的粗陶炭炉，专用做生火。玉书又叫做茶锅子，是一个缩小的陶壶，架在风炉上烧水用。孟臣罐又叫做茶瓯，是一把小紫砂茶壶，用来冲泡工夫茶，以江苏宜兴所产的紫砂壶为宜。若琛瓯则是一种小茶杯，大小约为半个乒乓球，专供品饮工夫茶，一般配置2~4只。此外还有江西景德镇和潮州枫溪所产的瓷质盖碗，专门用来冲泡茶用。

做好了冲泡之前的准备，就要进入第四步烹茶了。这一步最具工夫，烹茶的过程之中环环相扣，需要做到"高冲低斟、刮沫淋盖、关公巡城、韩信点兵"四大要点。

以木炭或者榄核作为燃料煮水，将茶具摆在茶盘上，水煮初沸时，将水淋在摆好的茶具上，让茶具洁净并预热。随之将茶具之中的水倒干净待用，继续煮水。同时，将茶叶从茶罐里倾倒在素纸上，将粗细、碎末茶分开，首先将最粗的茶叶填入壶底滴口处，然后将碎茶填在中层，最后将中等粗茶撒在上层。茶宜填满茶壶的七八成，这样在冲泡的时候茶汁浸出物会比较均匀，又可以避免碎末进入茶汤。

所煮的冲泡茶叶的水分为三沸，一沸太嫩，三沸太老，二沸最宜。二沸水要达到"水面浮珠，声若松涛"的时候就可以提起，沿着壶边冲入到壶内。切忌直冲壶心，以免茶叶冲散。注入沸水之后，立刻将壶内的茶汤倾倒出来，以去除茶叶的杂质，将所倾倒的茶汤作废处理。

将水壶中的沸水冲入茶壶，冲水的时候应该让水柱从高处冲入壶内，俗称为"高冲"。这种做法可以一气呵成，让沸水的热力直透壶底，让茶沫上扬，又可以促使茶叶散香。冲水的时候既要充满，又不能溢出。冲水后立刻用壶盖从壶口处平刮，将泡沫刮除，然后盖上壶盖。冲泡时间的把握是经验的积累，不可过短，也不能过长。过短则茶味淡，茶香未能充分浸出；过长泽茶味过浓，味道苦涩，茶汤颜色过深。具体的时间需要通过茶叶老嫩和经验来判断，一般来说，时间掌握在1分钟左右为宜。

经过淋杯之后，壶内外的余沫祛除，壶温升高，茶香充盈于壶中。此时应该用沸水烫杯，加满沸水之后滚杯。用拇指和中指捏住杯口和底沿，让茶杯侧立，浸入到另一个装满沸水的茶杯里，用食指轻轻拨动杯身，让整个杯子内外转动一周，均匀受热，洁净茶杯和茶叶起香。

　　泡好茶，净完杯，就要开始斟茶了。斟茶的时候，茶壶应该靠近茶杯，采取"低斟"。这样既可以避免起泡沫，也可以减少茶汤散热而影响茶香与滋味。低斟的时候，茶壶中的茶汤依次来回轮转倒入茶杯里，通常需要反复2~3次，这被称为"关公巡城"。这样做目的是为了让各个杯子里的茶汤色、香、味均匀。茶汤斟毕，壶中仍然会有一些余滴，因此将余滴依次滴入各个杯中，这个动作叫作"韩信点兵"。这套工夫体现出天下茶人是一家的茶人精神，所有的饮茶者地位平等。

　　斟茶之后，就可以奉茶，请饮者品啜。品茶的时候，杯子边缘接触嘴唇，让杯面迎着鼻子，集齐香味，让茶香入鼻、茶味入唇，之后一饮而尽。三嗅杯底余香，此时会让饮者感受到茶香在唇齿之间氤氲，甘甜润泽喉咙，进而令人神清气爽、心旷神怡，人情茶味，尽在其中。

＊ 茶山

贰

太平猴魁

与时间较量

太平猴魁的采摘时间不同于传统绿茶的清明前，而是在谷雨时节采摘。原产地内，群山之中，人们正踩着谷雨时分的黎明，结伴而行。在由当地女人组成的采茶队伍里，不乏古稀之年的老妪。

安徽黄山太平县猴坑村，这里是中国传统名茶太平猴魁的正宗原产地。"太平猴魁"这个名号，得自于117年前本地茶农王魁成制茶的超群手艺，故有魁首之称。

茶树生长之处峰峦叠嶂，坑谷幽深，古木繁阴，溪流密布。险峻的环境，令许多外地采茶工望而却步。

鲜叶的选择，刻不容缓。一芽两叶的外貌，是太平猴魁颜值的担当。选拔魁首中的魁首，这一过程，被称作"掐尖儿"。

* 手工制作中的
　　太平猴魁

* 太平猴魁塑形

采摘挑拣，制作塑型，一切都必须在当天完成。当地茶人一般清晨上山采茶，上午10点多钟就要赶回家开始理茶，做茶叶。手工制作太平猴魁极费工夫，每一根鲜叶都需经过双手整理塑型，一根根摆好在网格之上。

在制茶人刻着皱纹的手心中，正上演着朴素且坚韧的一幕。迟暮的双手，沉稳如太极般的不变，应对着速度的万变。这其中，有着难以复制的人的温度。

压制的过程，暗藏玄机。像是美术科目中丝网版画的印制，推拉滚压间，猴魁片片，落落大方。神奇的蜕变，终于交出了答案，网格方寸里，猴魁的皮肤，被印记上永久的网格形肌理。

从清晨采摘到深夜成茶，准确的时间里，猴魁彰显出它独有的魅力。两叶抱芽，挺直扁平，适然舒展，白毫卧伏，色泽苍翠匀润，叶脉绿怀隐红。

* 太平猴魁制作视频

深夜与时间较量一整天的茶，终于可以在另一个空间里安心入睡。然而和时间赛跑的人却依旧无法入眠。猴坑村交通不便，能否及时将新鲜的茶叶运送出去，也是这里的茶人们的难题。

披星戴月的茶季里。奔跑的时间，缩短了漫长的距离，人与茶的追逐，只为最新鲜的口感。

这款被评为中国十大名茶之一的太平猴魁。冲泡时在杯中悬沉如刀剑，形如云集枪旗，甘香如兰，却幽而不冽。太和之气，弥沦在时光与齿颊之间。

"猴魁两头尖，不散不翘不卷边"，这是原产地中，许多年来，人们对它最为生动的说法。

好的太平猴魁外形很魁伟，具有像乌龙茶那样的兰花香，这是太平猴魁一个很独特的标签。安徽太平县原产地的太平猴魁现在基本上还是以手

* 太平猴魁手工茶

工制作为主，当地人制作太平猴魁标准严格，过程十分细致：鲜叶手采两叶一芽，手工理茶根根分明，网格压制扁平舒展……在繁忙的采茶季节里，茶农从清晨忙碌到深夜，每人所出成品也不过1斤左右。所以在分辨机制茶和手工茶时，有一个特别明显的特征：手工制作的太平猴魁，每片茶叶身上都有网格印迹，这点是手工茶和机制茶的最大区别。

凝成黄山秋雾霞
飘出太平猴魁香

——太平猴魁的独特猴韵

在神秘的北纬30°线上，众多世界奇观齐聚在这里，如同大自然神秘力量的特意布置，世界最高峰珠穆朗玛峰，人类智慧的结晶埃及金字塔等，都在这条线上诞生并延续到今天。在安徽南部，古老的徽州大地上，一样拥有着世界文化与自然双重遗产的黄山，它也在北纬30°线上。而在黄山之上，太平湖畔，让世界茶人惊艳，令中国茶界骄傲的太平猴魁就产生于此。

缘起黄山，神猴赐茶

太平县位于黄山脚下，如今叫作黄山区，在唐代天宝七年（745年），它就因为山峦茂密、林木丰富、雨量丰富而且雾气弥漫，成为了茶树的最佳生长地。这里自古出好茶，明代茶人许次纾在《茶疏》之中，对这片土地大加赞誉："天下名山，必产灵草。江南地暖，故独宜茶。"太平县悠久的产茶历史，让茶和宗教相伴而生。从东晋年间，黄山上寺庙、禅院的僧侣们就开始种茶。到了唐代，境内的居民建立茶亭，专门为行人赠茶，作

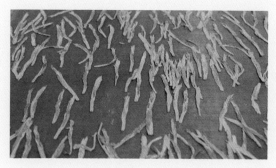

* 太平猴魁

为行善积德之举。唐代太平县令许浑还曾写诗道："茶香秋梦后，松韵晚吟时"。茶圣陆羽更在《茶经》中特别记述了产于太平的两种茶，上睦和临睦。据考证："上睦及临睦为太平县二乡，上睦在黄山北部，临睦更在其北。"这也符合中国茶界喜欢用地名来命名茶叶的一贯传统。

在追寻茶香的脚步催促之下，太平茶叶一直在急速改进和发展，到了清代中后期，已经臻于鼎盛。据《江南通志》记载，乾隆元年（1736年）时期，"太平龙门山产翠云茶，香味清芬"，而这种翠云茶就产于桂城乡（今新明乡）的六百里山周围的猴坑、凤凰尖一带。它就是如今被广为传颂的太平猴魁的前身。据《太平县志》记载，凤凰尖一带的地形逼仄，不能立足，上下如猿猴，故而山间村落古称为"猴坑"，是太平猴魁的原产地。

作为中国十大名茶之一，太平猴魁的出现也有美丽的传说相伴。有人说，黄山曾经居住着一家白毛猴，有一次，小毛猴独自下山去太平县玩耍，却迷失了方向。老毛猴万分焦急，下山四处寻找，而母猴则在家中守候，日夜远眺太平，最终变成了黄山奇观"猴子望太平"。下山寻子的公猴死在了山中，被一个采药的老汉发现，老汉将毛猴的尸体埋葬在了山冈，并挖来了野茶树和兰花种在墓坑的周围。第二年，老汉来到山中采药，发现整个山冈都是绿油油的茶树，他才知道这是毛猴赠送给他的礼物。为了感谢神猴赐茶，老汉将猴墓所在的地方命名为"猴岗"，把自己居住的山坑命名为"猴坑"，将神猴赐给的茶树所采制的茶叶命名为"猴魁"。

"神猴赐茶"固然是一个神奇的传说，而太平猴魁的真实诞生历程却真真切切充满了传奇色彩。根据《黄山区志》记载，清朝末年，乡人郑守庆在南京开设了茶庄，每年都回到下三门来收购毛茶。为了打出品牌，他雇佣工人，将收购的毛茶中一芽二叶、枝头大小整齐的芽叶都挑选出来，单独包装，冠名为"魁尖"，运到南京高价出售。因为这种茶叶品质超群，惊艳了味蕾，受到了嗜茶者的青睐。后来，猴坑的茶农王魁成在凤凰尖茶园之中进行采制，专门采用壮而嫩的一芽二叶，精制出魁尖。其成茶具有兰花的色、香、味、形，居于尖茶之首。为了标明出处，所以取猴坑的"猴"字，和魁尖的"魁"字，再冠以太平县名，得来了茶名"太平猴魁"。

太平猴魁在1915年被送到巴拿马万国博览会，获得了一等金质奖章，从此蜚声中外，跻身于中国十大名茶之列，每年都成为外交部、人民大会堂的贵宾接待专用茶。1972年，美国总统尼克松访华，便是用太平猴魁来招待。2007年，俄罗斯"中国年"开幕，"六百里"太平猴魁被选为"国礼茶"赠送给俄罗斯总统普京，足见其在中国茶界的地位。

两叶一芽，十里幽香

✳

太平猴魁最大的特征便是它的"两叶抱一芽"，外形扁平而且挺拔，魁伟壮实，色泽苍绿云润，遍身白毫，含而不露。取干茶入杯冲泡之后，杯中茶如旗枪傲然独立，满杯葱绿，茶汤杏绿清亮、兰香四溢，沁人心脾，鲜爽甘美，余味无穷。

古人称赞太平猴魁为"共道幽香闻十里，绝知芳誉亘千乡"，而它独特的茶韵滋味醇厚，让人体会出"头泡香高，二泡味浓，三泡四泡幽香犹存"的意境，幽情雅意便自然从杯底油然而生了，而人们将这种感受称之为"猴韵"。

　　何为"猴韵"？对于很多人来说就像"岩韵"、"山韵"一样不可捉摸，而懂得欣赏太平猴魁的人则对这种感受了然于心。真正的"猴韵"在于赏、闻和品这三者之间。茶客以洁净的茶具，配上优质的清水，端起茶杯，仔细欣赏，然后闻一闻，再做细细品味。茶叶在杯中宛如婷婷玉女，七八次冲泡之后香气仍在，猴韵十足究竟是什么感受自然也就在这品饮之中了。

　　猴韵取决于茶叶的品质，要做出上好的太平猴魁，必须要做到"四拣"，一拣山，高山、阴山、云雾笼罩的茶山为宜；二拣丛，树木茂盛的"柿大茶"茶丛为宜；三拣枝，粗壮、挺直的嫩枝为宜；四拣尖，鲜叶必须要不断精选为宜。如此繁复的要求和工序，也难怪做出一斤特级的太平猴魁需要八个人忙碌一天了。

　　采摘太平猴魁的鲜叶，需要清晨蒙雾上山，雾退就要收工。在四月中旬前后，当茶园的芽梢长到一芽三叶初展的时候，就是开采的信号。采摘的标准为一芽三叶，开园之后每隔三四天采摘一次，一共可以采摘四次，到了立夏时候就要停止采摘。每一批采摘下来的鲜叶要求嫩度、匀净度都基本相当。第一批采摘的鲜叶可以用来制作极品猴魁，而立夏之后采摘的茶叶则不能用来制作猴魁茶，只能改制成尖茶。采摘的时候还要遵守"八不要"原则，也就是：无芽不采，叶片过大不采，叶片过小不采，瘦弱不采，弯曲不采，色淡不采，紫芽叶不采，病虫叶不采。采摘时，要求采用提手采的方法，不能用手指来掐采，更不能一把捋，要保证芽叶的完整，采下来的鲜叶自然散放在竹篓里，不能闷，更不能压，收工之后运送下山，要尽快拣尖摊放。

　　拣尖是太平猴魁制作工艺中一道特殊的工序，茶农要将一芽两叶的尖头折下，留下末端1厘米长的柄，作为制作猴魁茶的原料。一般来说，拣下来的尖头长度可以达到5~7厘米，要求芽叶肥壮、匀齐整枝、老嫩适度、叶缘背卷，而且芽尖和叶尖的长度要相齐。这样才可以保证成茶做到"二叶抱一芽"的完美外形。完成拣尖之后，就要将原料摊放在清洁卫生、阴凉的地方，避免阳光直射，但要求空气流通，用透气的竹编盘盛放，摊开的厚度一般在10~15厘米。经过4~6小时的摊放，鲜叶失去了表面的水分，叶质开始变软，失去了光泽，此时才可以进行加工。

　　传统手工制作太平猴魁的方式有杀青和烘焙两道工序。高温杀青的时候，用于杀青的深底桶用木炭加温，锅壁要求光滑清洁，锅温在100~120℃之间，鲜叶下锅可以听到如同炒芝麻的响声。控制锅温是传统手工制茶的关键所在，如果温度过高，要立刻关上风门，否则茶叶的叶片就会起白泡和黑泡。但如果温度过低，叶片就会变红。用手来翻炒茶叶，但叶温感觉烫手，并且冒出热气的时候，就可以采取扬炒的方式，增加翻炒的高度，以便散发出茶叶的热气。经验丰富的茶农不断扬起手中的茶叶，手扬起的高度不会超过锅口，手指弯曲，每一次炒动都会让茶叶在手中抖动两三次。双手轮换来炒，两三分钟就可以翻动120多次，完成一锅茶的炒制。

　　当锅内听不到生叶的响声，叶子的颜色变白，边缘有了白泡、不粘手的时候，就说明杀青的程度足够了。这时要迅速用软簸箕铲起茶叶。经过杀青之后的茶叶起锅，立刻要薄薄地摊开在圆形的竹篾盘，让叶子伸直平伏，然后送上烘笼进行烘焙。

　　太平猴魁的烘焙过程分为毛烘、足烘和复焙三道工序，毛烘是用炭火烘焙，一口杀青锅配四只烘笼，火温随着烘笼的高度而逐次减低。先将杀青叶放在烘笼顶部，双手轻拍，让叶子伸直平伏，两三分钟之后茶叶表面就会失水，然后将它翻到进第二只烘笼里，将芽叶摊匀，用手掌轻轻压，让叶片平伏抱芽，外形挺直。再过两三分钟，就可以将茶叶翻到进第三只烘笼，依旧是边烘边压。当翻到进第四只烘笼的时候，叶质就已经干脆，大部分的茶叶都可以轻易折断。等到烘制约七成干的时候，也就是叶脉可以折断而叶梗依旧柔软的时候，就可以下烘摊晾了。

　　经过了毛烘之后，第二道工序足烘称为"拖老烘"，温度控制在70℃，然后自然降温，经过五六次的翻烘，让茶叶干到九成。第三道工序复焙，在老手艺人之中被称为"打老火"，火温在60℃左右即可，每四五分钟翻烘一次，经过四五次即可。当茶梗一折就断、手捻成末，茶叶的含水量只有3%~5%时，就可以下烘。将复焙好的茶叶趁热装筒，筒内垫上传统的箬叶，可以提高猴魁茶的香气。茶叶冷却之后，加盖密封，就可以贮存或上市了。

　　传统的制茶工艺程序复杂，而且技巧要求高超，对于温度的控制完全通过经验来积累，制作工艺费时费力，效率低下。所以，目前只有极品太平猴魁才会采用这种工艺，其他品级的太平猴魁都采用经过改良的手工制作工艺，既可以保证猴魁的固有品质，又提高了效率。

改良之后的猴魁茶制作工艺包括杀青、理条成形和烘干三道工序，杀青程序和传统工艺一样，需要高温去除鲜叶的湿度，然后茶工会一根一根用手抻直茶叶，整齐地铺在特制的铁纱网盒上，也就是当地茶农俗称的牵茶，然后用成形机来压制茶条，让叶片平伏挺直。经过成形机滚压之后的茶叶看上去更加符合"猴魁两头尖，不散不翘不卷边"的传统外形要求，而且滚压还改变了茶叶表皮细胞组织结果，让茶多酚等内含物质成分转化，减轻了茶叶的苦涩，让口感更佳。

经过理条成形之后，现代猴魁茶会采用烘干设备来完成第三道工序。特质的半自动烘箱可以一次完成毛烘、足焙和复焙工序。按照加工程序，每次理条后的烘屉都放进最底层，逐层翻烘，到最顶层时茶叶就可以下烘摊晾了。

上品国礼，猴韵悠然

✳

"两刀一枪三尖平，扁平挺直不卷翘，叶厚魁壮色深绿，兰香汤清回味甜。"每年到了谷雨前后，太平猴魁的追随者就会来到太平县追寻最好的猴魁茶，而最好的猴魁茶当然是产自于猴坑。作为国礼，太平猴魁清正、鲜活、回甘、悠长，和西湖龙井的色绿、香郁、味甘、形美一起，构成了中国名茶的风采。

想喝猴坑产的猴魁茶，体味到真正的"猴韵"，并不是一件容易的事，在当地茶农之中有一句流传很广的话："猴坑茶叶不下山"，意思是说猴坑所产的猴魁茶不用出门，更不用到市场上就会被抢购一空。这个小小的村落只有20多户人家，他们的茶园面积加起来不过2000亩，平均每户每年可以做500斤茶叶，猴坑一年的茶产量仅有一万多斤，而茶人爱护品牌，不愿意贸然扩大产量，更不愿接受外来的鲜叶或者干茶到猴坑制作，自然也就让它变得一茶难求了。

猴坑山上的茶叶为什么和其他地方的不同？除了历史文脉，猴坑的地理特性也和茶质的形成有极大的关系。猴坑的茶园植被覆盖率超过90%，山中多云雾，空气湿度高，漫射光柔和，光线透过猴坑竹园或者其他植被之后才会被投射到茶园，日照百分率最低的时候只有34%，最高的时候也仅为45%，这样的条件有利于茶叶中含氮和芳香物质，以及氨基酸的形成，这也是正宗的太平猴魁滋味醇厚而且不苦涩、带有丝丝甜意的缘故。

此外，太平猴魁原产区的土壤属于变质页岩风化的乌砂土，PH值在4.5~6.0之间，壤土和砂石的比例是7∶3或者8∶2，疏松的土质加上山林枯枝落叶腐烂而形成的有机肥，让土壤成就了猴魁茶最佳的生长条件。这种得天独厚的环境孕育，也最终形成了猴魁茶特有的"柿大茶"群种。

"柿大茶"，顾名思义，因形似柿子树叶得名。这种茶树不但叶大、叶厚，而且肥壮。由于叶片较大、叶面隆起、叶缘呈波状，故最适合猴魁茶的制作。当"柿大茶"的叶子第一叶初展的时候，第二叶仍紧靠幼茎，两者节间很短，两叶尖与芽头基本持平，用这样的一芽两叶抱成的太平猴魁，其外形就能够达到业内通常所说的"一挺三不"。所谓"一挺"并非指芽头之挺，而是指两叶抱一芽的整体挺直。所谓"三不"，是指整根茶叶不散、不翘、不弯曲。

由于柿大茶属有性系群体，共有23个品系，植株形态并不完全一致，所以政府和茶农就开始对猴魁茶进行研究。经过20余年的努力，最终选育出新魁1号、2号、3号、6号、23号等五个柿大茶新品种。其中的3、6、23号栽种面积较多，若在三者之间比较，名堂就更多了，如：新魁3号相对于其他柿大茶，叶稍尖且上翘，色深绿，干茶外形整齐；新魁6号，叶深绿椭圆，光泽度佳，其色香味形在23个品系中列首位。

如果说太平猴魁是绿茶之中最为独特的一款，那么猴坑就是太平猴魁个性最集中和突出的基础。相对于其他的绿茶来说，人们对于太平猴魁的认识似乎还不够多，对于它的原产地的了解也不够深入，这也让它显得更加神秘。"猴韵"对于茶人的吸引力，茶人对于味道的追寻，让人们不断去探索、发现，太平猴魁茶文化精神的审美转化，也必将逐步走进更多人的生活。

叁

安化千两茶

与时间的赛跑

早在十六世纪初，安化黑茶的制作就已有明确的文字记载。

海拔800多米的高马二溪村是安化黑茶最正宗的原产地。这里并没有大片的茶园，茶树多生于林中。造就出茶中有林，林中有茶的自然环境。

连续一周的大雨终于停了，谌昌松需要上山采摘制作黑茶最好的鲜叶。山路险峻，泥泞不堪，年轻的谌云飞必须要跟上父亲的脚步。

半月形的小铁刮，被称作"茶摘子"。是采摘鲜叶，手心忠诚的搭档。

看似与世隔绝的幽静山林，父子二人的节奏，并没有因此而慢下拍子。有限的时间中，他们必须最快解决今天的午饭。

山涧取水，就地取柴，灶火初生，幕天席地。原始的生存习惯，犹如这片原产地中，历代茶人身影的重现。

午饭果腹，简单迅速。当天采摘的鲜叶，必须当天赶制，父子二人比肩着速度，在山中丈量着时间。

这是最为传统的手工杀青。手中的茶权，由油桐树杈制成，是安化黑茶杀青时特有的工具。

一场人与时间的赛跑，让木制的"机械"呈现出手工的温度，茶叶在推拉揉捻中，扭曲着形态，体内的茶汁，将溢出附于表面。

双手较量时间的同时，时间也在和茶叶默契地合作。自然发酵，有条不紊的缓慢工序里，浓缩着另一种变幻莫测的迅速。

安化高马二溪村，原产地中茶林相依的自然环境，为刘光耀和刘海平的寻找，提供了最佳的原材料。叔侄二人决定纯手工来搭房建屋。

所选用的楠竹，必须三年以上，制作前的存放期决不能超过25天。细心专注的提居供所，并不是为人，而是为这片原产地中的安化黑茶。

黑茶神奇的归宿，外形似花卷，体量一百斤，它被称作"花卷茶"或"千两茶"。

母亲彭玉娥的脚步缓慢，仿佛时间遗留下的绵长。耄耋身影中，透出岁月的洗礼，老人与茶的故事，或许比我们想象的还要长。

千两茶包装的原料，来自箬竹的叶子，这被当地人称作"蓼叶"。它们或成为端午节粽子的外衣，或化身为出行人随身的雨具。

蓼叶的选取，需要经受时间的认证。新叶轻薄易损，唯有老叶，老而弥坚，沉稳内敛。像是某种巧合般的约定，老人与蓼叶，这是两个孤独老者特殊的交流方式，沉默，是唯一的声音。

在被速度感充斥的茶季里，人和茶，都在用自己的方式，叫板着时间。

一根楠竹，只能做成一只千两茶所需的花格蔑篓。竹子被拆分成另一种模样，蔑皮交织穿梭，分别形成篓身，腰箍和口箍。手工呈现出的精细，也包含着人的体温和呼吸。

黑茶，蒸包灌篓，蓼叶围壁，热量将蜗居在量身定制的空间中。然后再锤打，紧压，确保千两茶的重量。最后集合几人力量，将腰箍和口箍拉紧。封口塑身，腰箍锁形。这是中国所有茶类中，最为原始古朴的天然材质包装。

茶叶像是有着凝聚抱团，生存的力量，能在不同的环境下，呈现出不息的生命奥秘。

＊ 安化千两茶制作视频

踩制的合作，将直接影响千两茶的品质，这是最关键的一步。运用力学的基本原理，杠压。像是武侠中神奇的缩骨神功，滚动的茶叶将愈收愈紧，花格蔑篓上的腰箍，缠绞绕圆，如此反复。时间在衡量着人们的体力耐力与团队精神。

整型完毕，自然冷却。逐步的干燥过程，是一段漫长的发酵之旅。口感，将被时间耐心塑造。

草堂幽事许谁分
石鼎茶烟隔户闻

——安化黑茶的金花传奇

黑茶是中国所特有的一大茶类，在中国的南方，有不少省份都出产黑茶，北纬25°到30°之间的雪峰山麓和资江沿岸，漫山遍野生长着生机盎然的茶树，而湖南省则占据了黑茶产量的60%以上。许多人知道黑茶，都是从安化黑茶开始的，安化千两茶那独特的花格篾篓包装，以及单体的体积之大，让它拥有了"世界茶王"的美誉，而它独特的制作工艺早已被列入国家非物质文化保护遗产，不管是茶味还是茶艺，安化黑茶都堪称经典之作。

黑茶发源，金花官茶

湖南安化，是中国黑茶的发源地之一，历史上也曾经是中国黑茶的主要原产地。安化黑茶的原料要求、加工技术、花色品种、品质特征、文化内涵、饮用价值等具有独特性，也具有鲜明的地域特色。安化黑茶成品内质滋味醇和、汤色明亮橙黄、香气纯正，是叶底肥厚完整的黑毛茶加工而成，主要品种有湘尖、"三砖"、"一卷"。湘尖茶又称为"三尖"，指天尖、

* 小河流水　* 茶山

* 鲜叶　* 采茶

贡尖、生尖；"三砖"指茯砖、黑砖和花砖；"一卷"是指花卷茶，现统称安化千两茶。

历史上，安化黑茶主要销往西北少数民族地区，所以也叫作边销茶。它起源于秦汉时期的渠江黑茶薄片，茶的外形扁平薄片，大小不一，源于安化县渠江镇，相传是汉代张良所造，所以也叫作张良薄片。到了唐代，这种薄片茶改名叫作渠江薄片，而到了明代，它才真正大放异彩。明朝时曾一度统治中国边疆的汉川茶被湖南安化黑茶所取代，乃因"湖南安化黑茶味苦（浓烈刺激）"。从明至清，茶叶都属于朝廷的"计划供应商品"，而四川茶、汉中茶在明代是朝廷的"定点生产商品"，直到明朝万历23年（1595年），户部认为打通湖南黑茶直销西北对西北游牧民族更有利，于是报请皇帝批准：销西北的引茶，以汉、川茶为主，湖南茶为辅。至此，安化黑茶成为了"官茶"。

据考证，1368年为朱元璋立下大功的安化茶商，御赐代表皇家尊荣的"九"字符，赐号给这个三十九人组成的安化黑茶商队为"三十九铺"。经过历代茶商的不断传承，1568年，第一家"三十九铺茶馆"在北京城里诞生，后又在晋商的推动下开始盛行，让明清两代成为安化黑茶发展的黄金时期。

在明清的540年里，安化成为中国的黑茶中心，占据近40%的产量。资江沿岸各处，都有因此而人丁旺盛商业繁荣的市井，如黄沙坪、酉州、苞芷园、小淹、边江、唐家观、雅雀坪、东坪、桥口等地。《安化县志》的描述是："茶市斯为盛，人烟两岸稠密"。

然而，这样的鼎盛状态到了20世纪90年代初却出现了变化，原来的消费习惯逐渐改变，产业政策也出现调整，上千年来都广受欢迎的黑茶出现了效益下滑，价格低廉，茶农得不到相应的回报。一直到21世纪，随着市场经济的发展，人们认识到"民族的才是世界的"，黑茶的"官茶"身份重新被重视起来，人们开始挖掘黑茶自身的价值，让它重新走进了人们的视野。

安化黑茶的品质特色是砖面色泽黑褐，掰开之后可以看到"金花"茂盛，内质香气突出，菌花香持久，滋味醇和，汤色红黄明亮。所谓的安化黑茶"金花"，是一种特殊的工艺所培植出来的对人体健康极为有益的冠突散囊菌，它具有解油腻、治肚胀、疗腹泻、消脂肪、生津止渴、提神醒脑、调理肠胃和促进消化的功能。常年饮用，有助于降低血压、血脂和血糖，还有增强毛细血管韧性的作用。

"金花"有如此奇效，而且成了安化黑茶的一大特色，但它奇特功效的发现却非常偶然。传说在古代的"丝绸之路"上，运茶的马帮经常会因为遇到下雨天而淋湿了茶叶，遭受巨大的损失。茶叶被淋湿后发霉，出现了霉菌斑点，茶商虽然痛心，但对于天灾也束手无策。他们不甘心丢掉茶叶，就一路带着这些被雨水浸湿的茶。当他们行走到一个痢疾横行的村落时，发现村里的病人很多，大家没吃没喝，有人便想：反正茶叶已经发霉，不如拿出来送给这些可怜的人吧。结果奇迹出现了，这些痢疾病人喝了发霉的茶叶，居然都痊愈了，至此人们才发现这茶的神奇。因为当时茶叶已经发黑，所以这种茶被叫作"安化黑茶"，而它也从此名声大振，在整个丝绸之路上知名度大增。

独特地质，黑茶标志

✳

爱喝绿茶的人，身上往往会有绿茶一样的清汤绿叶气质；爱喝红茶的人，往往会性格外向活泼，敢于尝试新鲜事物，多变而且浪漫。那么爱喝黑茶的人又有什么样的特征呢？不同于绿茶爱好者的飘逸，也不似红茶爱好者的活泼，常饮黑茶者身上更多了一份深沉含蓄的独特气质。这种气质的形成，是茶与人的和谐统一，是黑茶长期浸润带来的变化。

黑茶的鲜叶都比较粗老，在干燥前后进行渥堆，酚类会自动氧化，让香味变得更加醇和，汤色也更加黄亮，那是经过长期酝酿之后的勃发。安化黑茶一般是以一芽四五叶的鲜叶为原料，外形条索尚紧，内质香气纯正，数百年来都是边疆民族的生命之茶，号称"宁可三日无粮，不可一日无茶；一日无茶则滞，三日无茶则病。"而近些年来，黑茶的保健功效更加被人们重视，它可以有效降低人体内的脂肪化合物、胆固醇等，消食化腻、畅通肠胃，常饮黑茶也成为许多人喝茶养生的习惯。

安化黑茶之所以能够成为黑茶的代表茶品，其独特的地理地质因素是它的标志。安化是世界上冰碛岩最集中的地区，占据整个地球冰碛岩含量的85%，厚度和规模都堪称世界之最，被科学界称为"世界奇观"。冰碛岩是全球冰期的遗址，是世界最为稀有的石种之一。安化处于雪峰山北段，境内峰峦叠嶂，资水贯穿安化全境，境内溪谷纵横，四季分明，雨量充沛，土壤风化完全，通透性能好，富含有机物质和各种矿物元素，尤其适宜茶树生长，是世界公认的优质茶神秘纬度带，茶叶之中所含有的品质成分和保健营养物质自然格外丰富。

因为这一独特的环境因素，安化云台山野茶大叶茶种是目前茶树品系中极其罕见的原始优良品种，是茶树育种的宝贵遗传资源。为了保护这一珍惜茶种，安化地区对原产地地域进行保护，对安化黑茶的品种也进行保护，让安化黑茶的生产、加工都在保护范围内进行。

一方山水成就一方茶，原产地安化人对于黑茶的热爱也体现在他们的每一次采摘之中。安化茶叶生长周期短，黑茶每年可以采摘两次，分别是春茶和夏茶。春茶相对于夏茶来说品级更高一些。作为产品的基础，安化黑茶选用鲜叶的标准也更加严格，在谷雨之前采摘的春茶，从山上采回来就要尽快投入到制作中。

几百年来，安化茶农一直在摸索和积累黑茶制作的经验，摊置、杀青、揉捻、渥堆、火焙的经验和技术，都仅限于内部传授，具有高度的保密性。在安化的每个村落里，渥堆发酵工艺都是关键技术之一，技术含量高，全靠着茶农眼观、鼻嗅、手探，来掌握色度、温度、湿度，从而达到渥堆的最佳效果。在渥堆的过程中，外界因素的影响也非常大，气候、空间、湿度和原料的老嫩、粗细、遮盖物等，都会引发渥堆的不同效果。可以说，安化黑茶的渥堆（原料发酵）是一门非常特殊的经验科学。

火焙也是安化黑茶独特的标志性特色。因为林木茂盛，安化的柴火资源非常丰富，所以安化茶农自古就懂得利用柴火来干燥毛茶。在不断实践探索的过程中，人们又发明了七星灶，用松柴慢火来熏烤，进行烘焙干燥。在烘焙的时候，茶坯之中白气升腾，茶香四溢，飘洒到周边数百米远都可以闻到，而茶坯却依旧可以保持不被烧焦。安化七星灶的出现不仅影响了安化黑茶的品质，而且让黑茶经过烘焙后变得黑褐有光泽，堪称"乌黑发亮"。这一工艺对于黑茶茶汤的颜色有深远影响，而且让茶汤滋味浓厚，并带有一丝独特的松烟香。

品类繁多，特色鲜明

✳

如此独特的安化黑茶，在发展变化的过程之中，不同的茶人和制作手法自然会改良出不同的品类来。以黑茶毛茶为原料，采用传统的工艺精加工的紧压茶产品，从工艺和形态上可以分出三个大类别，砖茶、三尖茶和花卷茶。

安化黑茶之中的砖茶最为著名的便是茯砖茶，其次还有黑砖茶、花砖茶和青砖茶，基本形态主要为长方体型，片重2千克或者2千克以下的各种重量。其中茯砖茶的原料形态为小片状，无整叶形，砖身内外一致，结构微松，属于"发金花"产品。而黑砖茶、花砖茶、青砖茶是洒面砖茶，经高度紧压，砖身紧密坚硬，茶表乌黑油亮。

"三尖"茶系列的品名有：天尖茶、贡尖茶、生尖茶。"三尖"茶主要用篾篓装茶直接受紧压捆绑成长方体形，大小规格繁多，茶叶通过紧压后紧结成团块板状，易于取用和捣散。另外还有手工筑压精装小篾篓型和纸制盒装型。

花卷茶系列的品名有：千两茶、百两茶、十两茶等等。基本形态为粗篾紧裹捆绑成长条圆柱体形，人工捆压、自然干燥，茶体紧密坚硬，重量同名称配套。在千两茶基础上加大茶量，仍按千两茶基本方式制作，外形

增长增粗，其茶称千两王茶。千两王茶的名次排比是原料品质和外围达标的情况下，以重量和长度来衡量。

安化黑茶产品的共性工艺是在毛茶等级配置后均必须经筛制除杂、整形拼配、高温蒸揉、外力紧压、自然冷却、合理干燥、品质检测、出厂复验。在共性工艺的同时，安化黑茶产品还要根据原料情况及不同产品要求采用个性工艺。如：毛茶再发酵工艺，茶坯热发酵工艺，复火焙工艺，加茶汁工艺等。

如何识别优质的安化黑茶产品，也是困扰许多茶友的难点。在安化境内，有能力和资格生产经营黑茶产品的厂家有二十多家，包括资历深厚的湖南白沙溪茶厂，中国茶界知名的"中茶"品牌老国企湖南安化茶厂，老字号安化永泰福茶号等，都有各自的包装、标志和文字说明。从外观上来判断安化黑茶，要认准安化茶协会统一颁发的生产系列标准，茶表面黑褐油亮，茶身紧结，压印的文字和图案清晰，这也是正规安化黑茶的外观特征。开汤之后，可以进一步辨认优质黑茶，真正的安化黑茶按照标准取量兑水煎熬、冲泡，汤色会红艳明亮，而非安化茶则会相对暗淡。尤其是耐泡的程度，可以明显对比出真正的安化黑茶。优质黑茶的口感醇和、微涩，有可口的松烟香，叶底厚实粗大，如果是其他杂乱黑茶，外观不仅黄暗，而且茶汤不明净，口感淡薄、有异味，经过比较就可以分辨出来。

安化黑茶讲究饮用陈茶，而新茶要予以存放。一般来说，1~4年的新茶虽然茶味会足，但苦涩味也比较重，这是因为它还有待于进一步陈化。而5年以上的黑茶，不仅涩味得到了缓解，还会显露出一种陈香、微微甜润。如果是存放了15年以上的安化黑茶，用干净的茶杯来冲泡，可以保证茶液十多天都不变馊，堪称奇观。

辨别安化黑茶的陈放年份，需要熟悉、了解安化黑茶生产的历史情况，从产品的包装、文字、图标、压印以及标注上进行考察。其次，还应该观察茶体的陈化颜色，安化老陈茶其色如铁，有一种独特的色泽。其三，还可以通过体验真正的陈香，开汤品饮，了解具备这一特性的黑茶究竟是什么滋味，自然可以辨别出真正的陈茶。存放达到50年以上的安化黑茶具有极高的价值，因为它越陈越香，茶的品质在岁月的沉淀之中愈发醇厚。同时，它也在历史的流转之中，见证了中国茶界的发展变化，存放黑茶传递给晚辈，就能让子孙后代都能品尝这陈年美味。

肆

茉
莉
花
茶

时间的香气

忙碌的首都，老茶馆中传统的曲艺，标志着最为京味儿的惬意时光。

在北京人的口感认知里，有一种雅俗共赏的香，既可庙堂之高，亦能江湖之远，那就是茉莉花茶香。这种曾被用来掩盖水质瑕疵的浓重味道，是茶花匹配间带来的满庭芬芳。

距离北京2350公里的广西横县是这种香气的源头。

这里是中国茉莉花，最大的原产地。那些远方惬意的时光，往往来自于更远的远方。烈日下，伊人款款，筐采盈盈。时间，需要再一次被精准的定格，阳光最烈之时，采摘最佳之际。此时的花蕾雪白剔透，肥硕饱满，香气达到顶峰。

宛若"护花使者"，人们将花蕾送至车间，摊晾，静置。看似平静的

* 左：茉莉花苞

* 右：茉莉花

茉莉花，正蓄势待发。时间中，花朵的呼吸声，将愈来愈急促。茉莉花吐香的过程需要8~12小时，具体的时间长短需要温度、湿度来丈量。

与花相处的日子里，陈艳影揣摩着茉莉花的脾气。在速度与温度相辅相成的一次次功课中准确的时间判断，花朵从来都没有辜负过人们对它的期望。

专业的制茶术语里，"伺候"是特属茉莉花的词语。

伺花的过程，是人和时间的博弈。翻动，催温，通气，降温，一系列繁冗的步骤，只为一个目的，保证花朵达到最佳的香气。

* 茉莉花茶制作视频

花与茶，搅拌静置，反复碰撞，这个过程被称作"窨制"。花香和茶味，风情万种的相逢，珠联璧合般携手，释放出茉莉花茶芳香的天性，如同秘而不宣的口感密码，能谱写出唇齿间无穷的语言体系。

十二个小时内，天作之合般的窨制结束。当茉莉花爆发出最后的力量时，它会褪去主角的光环。花与茶完美分别，茶叶留下挥之不去的花香。

这只是第一次的裂变奇观。而要让茉莉花茶达到最绝妙的口感，需要整整九次的窨制。

速度决定着激情，可那些时间里聚散离合的耐心，才是终极口感的精髓所在。

一流的茉莉花茶，只闻其香不见其花。芬芳中，是傲然不败的茉莉花魂。

对于是否能发掘出茉莉花香气更多的可能性，陈艳影从未停止这样的功课。

* 茉莉花田　* 茉莉花采茶工

* 茉莉花茶工厂　* 晾晒的鲜叶

时间，或是以静止不变的姿势奔跑，或是用如梭似箭的速度沉默。

沧海桑田中，故事里的茶，似乎从未改变，改变的，不过是故事里的人罢了。

可偏偏人和茶，又总是机缘巧合般，被联系在一起，浓缩于一个短短的瞬间里。只是这个瞬间好长好长，长的就像日子一样，长的让你看也看不完……

春风解恼诗人鼻
非叶非花自是香

——芬芳世界味蕾的中国花茶

茉莉，原产于古印度。进入中国之后，却在中国茶人的奇思妙想之下，与茶香融为一体，成为中国特有的茶叶品种——花茶，花茶的出现让许多人眼前一亮。由精制茶坯和具有香气的茉莉等鲜花拌和，通过一定的加工方法，让茶叶吸附鲜花的芬芳香气，茶引花香，花增茶味，相得益彰。浓郁爽口的茶味和鲜灵芬芳的花香融合，花香袭人，甘芳满口，不仅有茶的功效，更裨益人体健康，满足了很多茶友对于味道的追求。

茶味花香，沁人心脾

不管是寒冬，还是酷暑，一杯香浓的花茶在手，总是可以让人齿颊流香，回味无穷。茶带给人的乐趣，因为有了花显得更有丰富。

制作花茶一般是用绿茶、红茶或者乌龙茶作为原料，而这种工艺并非现代人所创，早在唐代就已经有人将"对花啜茶"看作是"煞风景"，也有人将花下品茗、茶引花香当作一番雅趣。到了宋代，陆游更有诗道："花摇茶新满市香"，可见当时的人们都已经习惯了花和茶的搭配了。尤其宋

* 茶城
* 茶山

代民间，在茶叶之中加入"珍果香草"已经是非常普遍的做法，直到现在，还有一些地方会在茶叶之中加入橄榄，或者橘皮、菊花、玫瑰花干等。不过，这种做法并不能称之为花茶，只能算是花茶的雏形。因为它的茶叶没有经过鲜花的窨制，品质也没有发生什么变化。

明代是我国制茶史上一个重要的时期，制茶技术不断提高，各种茶类相继出现。花茶窨制技术在明代也得到了较大的发展，明人朱权所撰写的《茶谱》中记载："熏香茶法，百花有香者皆可，当花盛开时，以纸糊竹笼两隔，上层置茶，下层置花，宜密封，经宿开换旧花。如此数日，其茶自有香味可爱。"这种鲜花隔离窨茶的方法，节省了人工拣花的时间，而茶和鲜花却因为隔离而难以密封，影响了茶坯吸收香气，所以效果并不理想，只能算是文人雅士别出心裁的玩法。

明代还有自制花茶的特殊方法，如明人顾元庆所编的《云林遗事》一书中，记载了倪云林素好饮茶，自制"莲花茶"的方法。书中记载："莲花茶，就池沼中，早饭前，日初出时，择取莲花蕊略破者，以手指拨开，入茶满其中，用麻丝扎缚定，定经一宿，明早连花摘之，取茶，纸包晒。如此三次，锡罐盛，扎口收藏"。倪云林将茶叶放入含苞初放的莲花中，用麻丝扎好，经一夜自然窨香，次日早晨摘下莲花，用纸包好在太阳下晒。晒毕，再如前法，又将茶叶放入别蕊中，如此三次，使得茶叶充分吸收莲花的清香。这是一种用活体花蕊的香气窨制花茶的方法，质量虽佳，但手续麻烦，当然是不可能大量生产的。

明代人钱椿年在《茶谱》中，还记述了一种制橙茶的方法：先将橙皮洗净切成细丝，一斤橙皮丝与五斤焙干的茶叶掺合在一起，然后放到细麻布铺垫的烘茶火箱里边，再用干净棉被盖上，用文火烘焙三两个时辰，取出后用建连纸袋装好，再用棉被盖上，待其自干，即可饮用。这种橙茶也很受当时人们的喜爱，算是具备花茶的一定形态和效果。

* 老舍茶馆

大约在明代中期，中国人已经设计出了窨制花茶的专用工具，叫做"锡打连盖四层盒"，这一发明明显促进了花茶的制作。我国窨茶香花资源丰富，据记载，明代时用以窨茶的鲜花已有木择(桂花)、茉莉、玫瑰、蔷薇、蕙兰、枯花、栀子、木香、梅花、玉兰、珠兰、莲花等等，种类已相当可观。

明代诗人钱希言有诗云："斗茶时节买花忙，只选头多与干长。花价渐增茶渐减，南风十里满帘香。楼台簇簇虎丘山，斟酌桥边柳一湾。三尺绿波吹晓市，荡河船子载花还"。从一个侧面反映了当时买花的繁荣景象，制作花茶的规模也就可想而知了。

茉莉花开，香染茶盏

*

在众多的窨茶香花中，茉莉花最为普遍。茉莉花香气馥郁芬芳，鲜灵甘美，香质优异为其他各种香花所不及。从南宋施岳《岁月·茉莉》词来看，最初用于窨制花茶的香花也是茉莉，经过几百年，至今茉莉花茶仍然是很受广大人民群众喜爱的花茶。

茉莉在植物分类学中是属木择科的花卉，它的原产地是波斯湾附近，即今日的伊朗一带。早在1700多年以前就已传入我国。晋人所著《南方草木状》中说："耶悉茗花、茉莉花，皆胡人自西国移植于南海，南人怜其芳香，竞植之"。"南人"，指南方人；"南海"是当时广东的一个县。它说明茉莉最初是在广东种植的。明人李时珍的《本草纲目》中说："茉莉，其性畏寒，不宜中土"。茉莉性喜温暖，适合于平均气温较高的南方地区种植，其花清香可爱。明代王象晋的《群芳谱》中有一首咏茉莉花诗云："虽无艳态惊群目，幸有清香压九秋"。诗中道出了茉莉花形虽不甚艳美，但其清香冠群芳，有"人间第一香"之称。

由于茉莉花品淡雅高洁清香引人，才被人们引种到中国大地上，从而得以繁衍不绝。茉莉花开放期比较长，从六月到十月约140天，一般情况下是天天开花，络绎不绝。但花朵一般是入晚吐香，开透则香气散失，为时不长。在寒冷的北方或在南方冬季，除非利用温室，否则要欣赏到茉莉花香也绝非易事。但是人们却发明了用茉莉花窨焙茶叶，引香入茶，茶引花香。从此，地不分南北，时不分冬夏，人们只要沏上一杯茉莉花茶，慢吸细品，自然就会领略到茉莉的芬芳花香了。

我国茉莉花茶主要产于福建、江苏、安徽、四川、浙江、广东、台湾等省区，以福建省产量最高，品质最优。福建不仅可以广泛栽培茉莉花，而且所产的烘青绿茶是制作茉莉花茶的优质茶坯（或称"素烘青"）。福建用茉莉花窨茶大约始于明朝，明人所撰《茗谭》中说："吴中顾元庆《茶谱》，取诸花和茶藏之，殊夺真味，闽人多以茉莉之属。浸水瀹茶，虽一时香气浮碗，而于茶理大舛"。就此也可知由于饮茶习惯和爱好的不同，古人对花茶褒贬不一。明代田艺蘅所撰《煮泉小品》中说："人有以梅花、菊花、茉莉花荐茶者，虽风韵可尝，亦损茶味，如有佳茶，亦无事此"。明代屠隆所撰《茶说》又云："花茶，茗花入茶，本色香味尤嘉。茉莉花以热水半杯放冷，铺竹纸一层，上穿数孔，晚时，采初开茉莉花缀于孔内，用纸封不令泄气，明晨取花簪之，水香可点茶"。清人所撰《花镜》云："以松罗杂真珠兰焙过、而香更烈者"。又据清人屈大均所撰《广东新语·食语》云："珠江之南……凌露细摘，绿芽紫笋，薰以珠兰，其芬馨绝胜松萝之荚。"用珠兰窨制的花茶具有清香幽雅、鲜爽持久的独特风格，为我国著名的花茶之一。清代广东一些地区盛产珠兰花茶。安徽、福建、浙江、江西等地也逐渐成为主要产区。

采花拌茶，异彩纷呈

※

清朝皇室特别嗜好花茶，商人们便投其所好，开始出现了大量的商品花茶。窨制方法较明朝也有所发展。如《致富奇书广集》中说有的地区用采花拌茶，"采花拌茶，上品之茶，不宜花拌，拌则失其真味，下品之茶，拌亦不佳，惟中品之茶，可用花拌之，则馨香可爱，拌茶宜用兰花第一，玫瑰、桂花、茉莉次之，梅、菊又次之，凡拌茶，宜三分茶一分花为率，兰花则用五分之一，菊则用九分之一，先放一层花于瓶底，次用一层茶，再用一层花，再盖一层茶，如是四五层，瓶满为度，用棉纸盖上，再用薯叶封固，纸包火焙收用。"清代吴骞所撰《尖阳丛笔》云："俗以桂花初放者，连枝断寸许，咸卤浸之，用以点茶，清香可爱。"

清代初期我国花茶主要产于广州等地，咸丰年间（公元1851~1861年）茉莉花茶大量生产，畅销华北、东北各地。于是各地茶商纷纷到福州设庄窨制花茶，规模越来越大，至光绪年间，约在公元1890年前后，福州便成为全国花茶窨制的中心。到抗日战争前夕，我国花茶年产量已达十多万担。抗日战争期间，由于南北交通受阻，福州生产的花茶难以销售华北，此时苏州窨制花茶迅猛发展，成为当时花茶生产的又一中心地区，同时在窨制技术上也所改进和提高，逐步形成以香气鲜灵著称的苏州花茶的窨制特点。

新中国成立以后，花茶生产得到进一步的恢复和发展，由于人民生活水平的逐步提高，花茶供不应求。近年来，国外爱好花茶的人越来越多，外销量也增长很快。为了适应国内外的需要，福州、苏州已扩大了花茶生产，浙江杭州、金华，四川成都，江苏南京，江西南昌，安徽芜湖，以及湖北汉口等地，也都发展了花茶生产，产量也日益增加。

目前，花茶已成为我国五大茶类之一，发展大有前途。因为花茶不仅有茶叶的优点，而且香花也具有药理作用，有益于人体健康。如茉莉花，据李时珍《本草纲目》中载："茉莉花辛热甘温，和中下气，僻秽浊，治下痢腹痛。"其油可治眼结膜炎，可见其药用价值。所以人们说，泡饮茉莉茶有"鲜明香气凝云液，清澈神情敌病魔"的好处。

现在我国花茶窨制技术不断改进，科学研究工作蓬勃开展，各有关研究部门与生产厂家大力协作，进行了花茶隔离窨制和流态法窨制等较大规模的科学试验，探讨花茶窨制的新技术和新工艺。花茶窨制操作也已由落后的手工操作，逐步走向半机械化、机械化。现在福州、苏州、金华等较大的茶厂都已有不同类型的窨花拌和机，大大地降低了劳动强度，提高了生产效率，使花茶窨制逐步过渡到了电器化、自动化生产。

我国地域辽阔，各族人民生活习惯不一，饮茶的习惯和爱好也不尽相同，一般来说，北方人喜饮花茶；南方人爱饮绿茶、乌龙茶，少数民族惯用紧压茶（砖茶等）。从销售量来说，绿茶占首位，红茶花茶占第二位，其次为砖茶和乌龙茶等。花茶这枝我国茶类中独特的鲜花，随着茶叶生产和茶文化的发展，必将焕发出更加绚丽夺目的光彩。

$\int\int\int$

灵壤奇英，清溪香茗，处丘陵余脉，居东南遐域。

一道名茶，两门宗族，观音托梦，帝王赐名。

一味口感，变化万千，春水生津，秋香沁心。

一处原产地，弥谷披岗，晔若春敷，沐山峦之岚，染风林之露。

从中国到英国、日本，从西方到世界屋脊。

根脉传承，生生不息。

第五章

根脉的

传承

壹

茶都溯源

铁观音的传承
与创新

　　福建安溪，一座被誉为"茶都"的城市。茶，几乎是这里唯一的农作物。县城30公里外的西坪镇松岩村是乌龙茶制作技艺的发祥地。这处原产地因铁观音而闻名天下，而铁观音在这里也有着不同的传说。

　　安溪是铁观音的天下。传说，1736年，王文礼的先祖王士让发现了安溪好茶，此茶因乾隆皇帝御赐"铁观音"之名而名扬天下。这个是"王说"的版本到王文礼这一代，刚好是十三代。

　　另一个传说发生在1702年，魏月德的祖先魏荫梦见观音来点化他，送给他一棵摇钱树。那是一棵长在打石坑石壁处的茶树，那茶树上的茶叶采之不尽，用之不竭。因这茶色泽似铁，沉重如铁，又是观音托梦所赐，故得名"铁观音"。从此之后，铁观音的名字就传开了。

　　无论是观音托梦，还是帝王赐名。不同的版本，成就的都是"铁观音"之名。

* 安溪松岩村

* 铁观音产地

魏氏祖宅里，具有传承百年的铁观音传统工艺。在祖宅中寻根问道，是茶人们问鼎巅峰的夙愿。竹筷盘，自房梁悬垂而下，这是铁观音特有的摇青工具，鲜叶，盛于其中，在世代茶人的手中旋转着。同样的画面，不同的人物场景，百年来不断重复出现，这是来自祖先的传承。

魏月德认为铁观音是安溪代表性的茶叶，是当地茶业中的贵族，是闽南乌龙茶的代表。由魏月德采用18道工序手工制作的传统铁观音，一度被卖到过十八万一斤的价格，这也让他拥有了"魏十八"的称号。在魏月德看来，手跟机器是有差别的，不管是用空调去冻，还是用压茶机去压，都是违背历史的做法。

而在另一处的空间，富于现代色彩的茶叶生产流水线，正预示着茶叶作为商品的另一种格局。茶厂里，如何运用技术手段将铁观音复杂的工艺模式化、标准化，这是当家人王文礼站在企业家的角度，对产品生产的思考。品牌的召唤，商业模式的探索，为传统茶企注入了鲜活的动力。王文礼认为只有标准化才容易复制，容易规模化，才能够形成品牌，能够将茶叶还原到饮品的本质，实现最大量产，从而覆盖更多的消费群体。

王文礼说，标准化的好处是让生产厂家降低了营销的成本和培训的成本，从而提升了推广效果和速度。作为八马茶企的掌门人，王文礼渴望铁观音茶的传承能够升华成为一种企业的文化。他觉得把标准化做得越好，标准化体系建立得更完整，企业就能够快速发展。

铁观音的传承，人们对口感的追求，也有着与时俱进的态度。实验室内，数据与科技，将重新定义口感的千变万化。王文礼的实验室，是为产品的标准化做内含物的分析、对比，从而让茶叶的标准化更为稳定和可控。原来的茶人都靠天吃饭，看天做茶，现代茶企通过科学的投入，可以在不好的天气也制好茶，这是在传承过程中的创新和发展。

王文礼认为：传统的茶农做茶是尽我的能力把茶叶做好，不是按标准去做，而是按自己的喜好去做；而他所建立的标准体系是按标准去逆推，要求所有的茶叶工作者按这个标准来生产。不一定能做得极致，但是必须要达到标准。

时代瞬息万变，如何在极速变化中保持不变？这是魏月德的坚守，魏家的传承中，留存有不同年份的铁观音老茶。原本不变的口感中，又暗含

着时间自然发酵的微妙变化。在魏月德看来，做茶方式里的一招一式，都能为人带来全新的理解和认知。他从小开始就年年月月以茶为生、以茶为荣，甚至觉得生活中的甘、甜、醇、润、香、韵都在茶里面。

魏月德说："要做好茶，是需要与茶对话，用心去感悟，用心去珍惜，这样才会有一泡好茶的诞生。"这种对口感的判断，更像是茶人和自己的一次较量。很遗憾其中的奥妙并没有多少人能读懂，也庆幸不需要多少人去读懂。

铁观音为安溪这片原产地带来荣耀，也带来考验和挑战。不同香型的铁观音，彼此间的对比犹如德比之战。

尊重口感，是否依赖味觉？传承技艺，能否推陈出新？铁观音标准化的判断，更像是一场主观与客观，抽象和具体之间的对话，在相对和绝对的微妙里，人们渴望准确，也能游刃有余地把握准确。群体的品饮鉴别，实验室的研究分析，依靠人的判断或是数据的分析，科学与直觉将共同构建起口感的共同认知。

茶有上品，适口为珍，是不变的标准。

魏月德与王文礼，同样的传统定义，不同的价值认知。

技艺的切磋，口感的琢磨。手工劳作的负阴抱阳，科技生产的刚柔并济。其目的殊途同归，都是渴望寻求茶叶中味觉的精髓。

传统工艺，一脉相承。商业文明，与时俱进。不同的选择，源于不同的理解，在见仁见智的背后，是相同的使命，那就是同一片原产地中根脉传承。

最为极致的茶人，犹如一把利剑，追求问鼎巅峰的口感。

最具格局的茶企，宛若一张巨网，渴望广阔天地的普及。

双手中呈现出现代文明的烙印，机器里也有着而原始劳作的基因。

人对茶，好似高处观水，矮处看山。

而茶对人，显得不高不矮，但却时远时近。

迩来武夷漳人制
美如观音重如铁

——铁观音产地溯源

　　安溪和铁观音，这两个在世界茶人中如雷贯耳的名词，注定是密不可分的。天然的娇贵妩媚，无与伦比的自然环境，安溪铁观音的出现让这片富饶多情的土地奉献出了最动人的大地礼物。只有安溪，才可以用自己独特的地理位置、气候条件和土壤，为铁观音提供一个天然的温床。

得天独厚有安溪

　　地处于厦门、漳州、泉州三角洲的结合部，安溪位于戴云山脉东南部、晋江西溪上游，地势西北高、东南低，境内群山环抱、层峦叠翠，千米以上的高山有2935座，群峰林立，甘泉潺潺，让腹地免受海风侵袭之苦，这种地理环境甚为独特，而且非常少见。正是因为这种独特的环境，才让这里所出产的铁观音独一无二，色泽乌润，富有光泽，汤色金黄，滋味醇厚，香气清香悠长。

　　安溪的气候是南亚热带海洋性季风气候，气候温和，雨量充沛，温度适中，全年的平均温度在16～21℃之间，年日照时间长，全年有260天的气温高于10℃，四季分明，却夏无酷暑、冬无严寒，相对湿度达到78%以上，具有相对低温、高湿和多云雾的高海拔气候特征。

人们常说，在安溪是"四季有花常见雨，一冬无雪却闻雷"，而这里"春末夏初、凉热同步，冬秋两季，光湿互补"的温润气候，给茶树提供了十分有利的生长条件。在相对低温时期，芽叶可以缓慢地自然生长，有利于新叶组织之中可溶性氮化物、氨基酸、芳香物质的合成。而高山漫射光充沛，更有利于芳香物质的合成昼夜温差大，则帮助光合作用产物的沉淀积累，让糖化合物、蛋白质、氨基酸和维生素含量增加。

在中国茶界，素来都有一句俗语：高山出好茶，这是茶人对于产茶区情况的最基本总结，而安溪就处于之戴云山山脉向东南的延伸部分，地势由西北向东南倾斜。在安溪的东半部，低山丘陵到处可见，而高山峻岭却很难见到，地势相对平缓，海拔一般都在100～300米之间，并且还有许多的河谷平原分布于此，让地形显得更加多变。在西半部，地势骤然抬起，海拔大多在600～700米之间，海拔在800以上的峰峦也很常见，地势相较于东半部变得更加险峻。这东西两部分，自然地理环境产生的巨大反差，也给茶树带来了迥然不同的生长空间，所以人们将西半部的漳平、永春、华安交界称之为西半部，又叫作内安溪，而于同安、南安接壤的东半部则被称之为外安溪。

茶国净土美安溪

✳

安溪无处不宜茶、无处不产茶、无处不产好茶。但是追溯安溪产茶的历史，在唐代中叶之前都没有任何记载。这是因为在西晋末年，有一大批中原地区的农民为了躲避战乱南迁，再加上丧失权势的士族地主也纷纷入闽，掀起了一阵移民潮。中原移民带来的先进生产技术与文化，在未开垦的土地撒播了种子，改变了闽越地区火耕水耨的半原始粗耕状态。唐末五代战乱和王潮、王审知率兵据闽时期，北方汉人第二次大规模移民入闽，不少文人墨客、僧侣道士也来到了福建，他们不仅带来了中原的先进技术，也带来了中原人的生活习惯，而饮茶便是其中之一。中唐以后，饮茶之风在中原一带已十分流行，并日渐成为一种风俗。移民促进了文化的传播，也促进了茶的传播。随着众多中原移民的南迁，茶文化直接被移植到了安溪。

从历史名人留下的诗文和古迹看，安溪制茶最迟在唐末已然有之。始建于唐末的名刹阆苑岩，历史上曾以白茶闻名，其大门两侧镌刻着一副有关茶的对联："白茶特产推无价，石笋孤峰别有天。"可算是安溪茶史始于唐代之例证。而唐代安溪的种茶、制茶与饮茶之始，与朝廷官府对道教、佛教的大力扶持，以及文人隐士、佛道僧侣的推动有着密切的关系。唐五代时，安溪佛教寺院遍地开花，中国自古就有"名山有名寺，名寺驻名僧，名僧植名茶"和"寺僧人人善品茶"之说，古时寺庙都有一定数量的地产，它种植、生产、研制、品饮茶叶的行为对民间影响深远，自然也就推动了安溪的茶业发展。1957年，福建省茶叶科学研究所的专家们在安溪县蓝田乡福鼎山首次发现野生茶树。1961年又在剑斗镇水头拔山发现了最大野生古茶树，树龄达1200多年，堪称"千年活化石"。这些野生古茶树的发现，更是安溪茶叶起始于唐代的实证。

峰峦连绵，绿水青山，泉水甘甜，雾气弥漫，夏无酷暑，冬无严寒，再加上独特的赤红土壤，让安溪形成了非凡茶叶品质的先决基础。安溪茶可以按照品类分，也可以按照季节来分，春茶、夏茶、暑茶、秋茶，各具风采。目前除了祥华茶区外，很多地区也都出产冬茶。而且随着生产茶叶的工艺与方法不断改善，每季茶叶会呈现出连续性，一年之中任何时候都有茶叶在生产，中间的区别也就越来越小了。每季茶叶的出产时间不同，为茶人带来的体验也有所差异，一般来说春茶的品质最好，而秋茶最香，称之为"秋香"。冬茶在经过长久的积累沉淀之后，也具有浓郁的香氛，但茶水却被认为较为"空"。在夏天，传统的制茶师傅都会停下手中的工作，因为他们觉得此时炎热不宜制茶，但现在有了空调，可以人为调节空间的温度了，所以制茶也在继续，人们又将夏茶称之为"空调茶"。这种茶鲜度和香味都很不错，只是茶水有点苦涩。

安溪境内的茶树品种资源非常丰富，据统计目前种植的茶树有六十多种，被称为茶树良种的宝库一点都不为过。在这些种类繁多的茶树之中，最著名的就是安溪铁观音了，甚至有人用安溪铁观音来取代乌龙茶，认为乌龙茶就是铁观音。这种说法虽然有所误差，但也说明了安溪铁观音在乌龙茶之中的地位。事实上，乌龙茶有一百多个品种，铁观音只是其中较为优良的品种之一，除了铁观音，安溪本地也有很多其他优良茶树品种，譬如安溪本山、黄金桂、毛蟹、大叶乌龙、梅占、白芽奇兰等，也都是享誉海内外的名茶。这其中，黄旦、本山、毛蟹和铁观音，并称为安溪的四大名茶。

名茶济世盛安溪

✳

"安溪四大名茶"之中的铁观音，最诱人的便是它的"观音韵"。福建省茶叶研究所编写的《茶树品种志》中描述安溪铁观音为："植株灌木型，树冠开张，枝条横生，分枝部位低，稀疏不齐，树冠高幅通常1～2米，属中叶类，迟芽种，嫩梢肥壮略带紫色，叶片成水平状生，叶片平展，肉厚质脆，叶面隆起，呈肋骨状特征。叶面浓绿油光，叶缘略向背，具波状，齿疏明而钝，侧脉显……萌芽期约在3月下旬到4月初，生育起点温度12.5度，4月下旬到5月上旬开采。停止生长约在10月下旬前后，生长期达个7月；嫩梢黄绿略带紫色，茸毛中等。"对于现今栽种的铁观音而言，这些描述只是暂时的现状，因为在随着种植技术和环境的改变，铁观音茶树处于不断的变化之中。

本山是"安溪四大名茶"之中铁观音的"近亲"茶，产于安溪西部的尧阳，不管是长势还是适应性都要比铁观音更胜一筹。因为它品质优良，所以质量好的本山足以和铁观音相媲美，茶香气清高，带有兰花香，滋味醇厚鲜爽，所以茶农也将它叫作"小铁观音"。

黄旦产于安溪罗岩，植株小乔木型，中叶类、早芽种。树姿半开展，分枝较密，节间较短。黄旦茶树的叶片比较薄，而且叶面略卷，叶齿深而锐，叶子的颜色是具有光泽度的黄绿色。因为黄旦茶树的高适应性和强抗逆性，所以单产比较高，非常适宜制作乌龙茶，也有一些用于制作红茶和绿茶。

毛蟹茶产于安溪福美大丘仑，它的植株为灌木型、中叶类、中芽种，树姿半开展，分枝稠密，叶形椭圆，尖端突尖，叶片平展。毛蟹茶树的叶子为深绿色，叶质较厚、较脆，锯齿锐利，芽梢肥壮，育芽能力强。美中不足的是，毛蟹茶的芽叶持嫩性较差。毛蟹制作的乌龙茶色泽乌润、香气清香，具有茉莉花香，滋味清醇。而制作的红茶和绿茶则毫色显露、外形美观，品质极佳。

从唐代开始，安溪种植茶叶的历史足有数千年，闽南语中"茶"的读音也成为荷兰语、德语、法语和意大利语中"茶"字读音的根源。而从17世纪初清代乾隆年间开始，铁观音在安溪县西坪镇开始栽种，至今四百余年的悠久历史，更令它以名茶铁观音的发源地名号而声传世界。安溪，这片土地所孕育的神奇还有太多有待发掘。

贰

观
音
韵
中
的

时光印记

* 祭拜铁观音母树

清香型铁观音。

其形，如螺髻蜻首，似蝉鬓云鬓。

其色，青蒂绿腹，镶红衬肤。

其香，馥郁芳馨，七泡过后，仍有兰花香飘逸不绝。

鲜爽，淡雅，细腻且丰富，醇厚也悠邈，这就是独特的观音韵。这种近乎抽象的口感定义，是铁观音最妙不可言的味觉体验。

浓香型铁观音，色泽乌润，圆结重实，属半发酵工艺，口感或花香，或炒米香，或蜜糖香，或焦糖香。焙火的温度不同，决定着不同的香气。

相较于清香型铁观音黄绿明亮的汤色，浓香型铁观音的茶色呈现出一派金黄，口感厚实，回甘强烈。那是因为焙火的温度越高，汤色便越深，正所谓"茶为君，火为臣"。不管是哪一种香型，都有着共同的标准：盖杯蕴香，茶水涵香，杯底留香，三香合一，方为上品。

安溪，茶禅寺。魏月德迎来自己期待已久的时刻。印记着时光的铁观音老茶，即将以拍卖的形式出现在人们眼前。家族的老茶即将被供奉在庙宇般的空间中，这对于魏月德而言，是感慨万千的激动时刻，因此对于会场中的每一处细节，他都严苛要求、亲力亲为。

岁月打磨出的铁观音老茶以这种庄重的形式呈现在人们面前。这是从一味茶开始的口感朝圣，正是这一味茶，开启了根脉传承中茶人的生命历程。留存铁观音老茶是魏家的传统，亲手制作的铁观音每年都要留存一部分，这个规矩代代相传，家族因此有了代代有老茶的传承。到了第九代魏月德这里，除了传承老茶以外，还建了传习所、茶禅寺，修理铁观音母树岩。

作为家族的传承人，王文礼带领着自己的企业，进行着一年一度的祭拜仪式。每一次的祭拜都如同一次与祖先跨越时间的对话。铁观音根脉的传承，让人们的眼神和动作中，充满了敬畏，宛若一次洗礼。

一年一度的母树祭拜仪式，对王文礼来说，每做一次，都是在加深一层对这棵铁观音母树的认同，以及对这棵母树的感恩。通过拜祭这样充满敬畏和仪式感的活动，来代代传承、代代强化，从而激励后代在继承的过程中去发展、去创新。

＊ 铁观音视频

根脉的传承，见证着一代又一代茶人的故事。有形的路在脚下，无形的路在心中。无论是企业家王文礼对标准化的推崇，还是茶人魏月德对手工制作的坚守，都是茶人们对技艺的传承和他们坚持的方向。

茶，这处原产地中唯一的农作物。

茶的四周，仍旧是茶，就如同路的尽头仍然有路。

人心茶品，气和雅量，茶道人间，明德惟馨。不同的价值观，相同的世代传承。

故事仍在继续，宗族根脉，人们依旧身体力行。

宿雨一番蔬甲嫩
春山几焙茗旗香

——根脉不绝的安溪茶俗

在安溪，茶韵沁人心脾，茶俗历史悠久、花样繁多，而最引人瞩目的莫过于"茶王赛"了。作为一项本地茶农之间茶叶质量的比拼活动，茶王赛的历史可以追溯到唐宋时期的斗茶和茗战，尤其是清朝初年铁观音现世之后，由此而衍生出的工夫茶广泛流行，让斗茶走入了一个更高的层次。

斗茶见真知

安溪民间的斗茶习俗由来已久，而且长期沿袭。在古时，斗茶、点茶是评比茶叶质量好坏的一项既文雅又刺激的活动，资料显示在唐代的时候福建民间就已经流行这种活动了。陆羽《茶经》记载："盛于国朝，两都并荆渝间，以为比屋之饮。"而《封氏闻见记》也记载："自邹、齐、沧、隶，渐至京邑。城市多开店铺，煎茶卖之，不问道俗，投钱取饮。"可见当时人们已经将饮茶的道艺确定下来。而唐代人在饮茶的时候，品沫、品色也品味，这些习俗为晚唐五代时期点茶的出现确立了基础。和煎茶法相比，将沸水冲点到茶碗之中，激发茶末的香气显得更加简便易行。唐代诗人冯贽在《记事珠》称"建人谓斗茶曰茗战"，说明晚唐闽人开始有了斗茶的习俗。

宋代时期，斗茶的风气更胜于前，参与斗茶的人要带上精美的茶器、上好的茶叶以及泉水，从煮水、生火到冲泡，每一个环节都有严格的鉴赏标准，如此才能评判出胜负。范仲淹在他的《和章岷从事斗茶歌》咏道"胜若登仙不可攀，输同降将无穷耻。"在宋代的城市中，茶肆、茶馆、茶坊林立，茶汤也品种繁多。"斗茶"一般会先斗色，再斗汤，在统治阶层和文人士大夫阶层最为流行，也为富商比奢斗富提供了机会。宋徽宗便经常参与到臣属之间的比斗之中，还在自己的著作《大观茶论》里做了详细的记述。

斗茶之风的盛极一时，让北宋时期的北苑贡茶越来越受到重视。但是福建所生产的北苑茶本身就是为了满足皇室与贵族们的需求，官府为此不计成本，不惜耗费了大量的人力物力来研制各种精品茶叶，"以供玉食，备赐予"。一些企图讨好帝王的权贵们也纷纷用重金来购买名优茶叶，进贡给皇室用以斗茶。这一阶段以茶为题材的故事、茶诗、茶歌、茶学专著非常之多，范仲淹写道："北苑将期献天子，林下雄豪先斗美"，苏辙写道："君不见闽中茶品天下高，倾身事茶不知劳"。而苏东坡也写道："独携天上小团月，来试人间第二泉"，"武夷溪边粟粒芽，前丁后蔡相笼加，争新买宠各出意，今年斗品充官茶"。在这些文人士大夫的推波助澜之下，赋诗盛赞北苑茶成了一时风尚，闽中地区的茶叶也被视为奇货可居的佳茗，让从福建掀起的斗茶之风逐渐向北方传播，并且很快就风靡全国。不管是达官贵人，还是文人墨客，又或是平民百姓，几乎人人都热衷于斗茶。

元代时期，上层社会的茶饮习俗沿袭了宋朝皇室的规制，而斗茶之风却渐渐地退出了官廷与上流社会。统治者们对于汉族茶文化的粗浅理解让他们不再支持这种奢靡浪费的行为，也在一定程度上抑制了斗茶之风的发展。但是在民间，人们似乎还是喜欢斗茶。元代画家赵孟頫的作品《斗茶图》就是描绘了四个茶叶贩子在树荫之下斗茶的情景，画中的人个个身边都有一套茶壶、茶炉和茶碗等饮茶器具，似乎是为了随时随地烹茶比试而准备。画中左前方的茶贩子手持茶杯，提着茶桶，面部表情泰然自若。而他身后的人则持着杯子、提着茶壶，将壶中的水倾倒进杯子里。另外两个人在一旁注视，似乎在观战。这个场景之中所展示的宋代茶叶买卖和斗茶的情景，让观者看到参与斗茶的不必是文人雅士，所使用的茶叶也未必是名优佳茗，任何人与任何茶都可以参与到比赛之中，可见这一活动在民间的盛行。

元代时期的福建依旧是备受推崇的茶叶产地，这里有当时最大的海外贸易港口和拥有特殊地位的泉州，来自国内外的各种奢侈品都汇集在这里，来自全世界的富商都愿意居住在这里，他们的消费和宅邸都号称天下之最。生活在泉州的权贵、名流和文人墨客一直都保持着高昂的斗茶兴致，他们通过斗茶评比来决定茶叶品质和售价的高低，活动的刺激性让大家乐此不疲。曾经生活在这里的传奇人物蒲寿庚原本是阿拉伯人的后裔，却也撰写过许多吟咏斗茶、饮茶之风的诗文，描述了当时的茶坊、茶肆等市民生活中的常见情景。

安溪茶王赛

✳

宋元时期的斗茶风俗流传到了明清时期，为安溪的"茶王赛"提供了发展基础。

明代时期的安溪地区已经遍地都种植茶树，茶叶在商品化的进程之中越来越受到重视，茶农的种茶、制茶积极性很高，制作技艺也自然逐步提升，名茶纷纷问世，品茗和斗茶也开始在乡间邻里中流行起来。

清代雍正、乾隆年间，安溪茶农发现并培育了名茶铁观音，道光十年至光绪六年（1830~1880年），乌龙茶良种如本山、毛蟹、黄金桂、梅占、大叶乌龙等品种在安溪也相继培育成功。在茶人的不断推崇之下，名茶铁观音的生产逐渐形成了规模，茶农们对于茶叶的品质要求越来越高，他们开始自发地进行茶叶的比赛。每逢到了新茶登场的时候，就是茶农狂欢的时间，大家将自己这一年来制作的最好茶叶放到一起，自带炭火、茶器，选择上佳的泉水，兴致勃勃地聚集到一处，进行茶王的评选活动。

在茶王赛之中，煮水、冲泡的茶农一字排开，十几个或者几十个排成一行，不仅要比拼茶叶的形色，还要比赛茶汤的香和味，茶师会轮流品鉴所有参赛者冲泡的香茗，现场评出高低。由于这些评语关乎茶农一年来的收成，更是一种茶界地位的体现，所以现场气氛极其紧张热闹。茶农们个个都是行家里手，通过一次次的斗茶，互相品尝对方的茶叶，观察对方的技艺，也是一种交流与切磋，对于制茶技艺的提高和生活情趣的提升都有所帮助。

起源于民间的自发斗茶活动原本只是地区性茶俗，但当它与某地的经济、盛誉挂钩起来，也就逐步演变成为一场意义非凡的比赛。清末民初，斗茶已经发展成为名茶比拼的茶王赛。

茶王赛的形式多种多样，规模也因举办地、主办方的不同而呈现出大小不一的特点。民间举行的比赛规模较小，而官方举办的比赛会吸引大批量的参与者，就连境外的销售区也都会举办各种类型的茶评赛。在安溪铁观音广受欢迎的港澳与东南亚市场，就有很多国家和地区都在举行茶评赛活动。1916年，安溪人王西配制的"万寿桃牌"铁观音在台湾举办的茶叶评选活动中获得第一名。1945年，安溪人王联丹配制的"泰山峰牌"铁观音在新加坡摘取茶王桂冠。1950年，安溪王登记茶庄配制的"碧天峰牌"铁观音在泰国获特等奖。这些屡次获得的殊荣让安溪铁观音和安溪茶商一起成为品牌，在海内外获得了盛誉，时至今日安溪铁观音还是许多东南亚华侨心目中佳茗的代表。

* 魏荫雕像

* 铁观音母树

新时期的茶王赛

进入20世纪后半期以来，随着安溪茶叶生产模式的不断变革，确立了生产责任制，安溪铁观音也从之前的外销开始逐渐转变成为内销茶叶，这一变化激发了很多茶农、茶商的积极性，需求扩大也让制茶技艺不断提高和普及，茶叶的品质在迅速提高，让安溪茶业的发展呈现出了旺盛的态势。眼看安溪铁观音如此受到茶人追捧，将茶王赛再次展现在世人的面前成为了一件势在必行的事。在当地县政府的支持之下，新时代的茶王赛呈现出了全新的主题与内涵，并逐步发展成为由各级村镇组织的大型赛事。每年到了茶王赛的时间，各地的制茶高手和厂家都会精心挑选出自家出产的精品，选送参赛，而茶王赛的主办方也会聘请各地著名的茶师来作为评审，经过品鉴角逐之后当场选出本季、本地各个品种的茶王，并对获奖者颁发奖牌和奖金。对于茶王，还有一个人人羡慕、历史悠久的优待，那就是敲锣打鼓送茶王回家，这在很多茶人眼中是一种至高的荣耀。

进入90年代，安溪铁观音的名声更盛，茶王赛的影响力也随之广泛传播，举办赛事的地点不再局限于当地。1996年11月，安溪四大名茶茶王赛在广州举行；1998年11月，安溪茶王赛在上海隆重进行；1999年，举办了春秋两次茶王赛，分别在北京和香港两地举行，引起了诸多新闻媒体的报道，不管是北上还是南下都引起了一阵强烈的"铁观音"旋风，让更多的人了解、认识到了铁观音的美妙，也拓展了安溪铁观音的内销市场。

随着时代的进步，茶王赛的形式也在不断变化之中，原来的茶王赛仅仅局限于茶叶品质的比拼，而随着人们对于茶的要求越来越高，茶艺表演、茶歌、茶舞、茶王拍卖等形式也都出现在茶王赛的舞台上。

进入新世纪之后，安溪的茶王赛又呈现出了不一样的风采。2000年6月，安溪茶王赛由铁观音的发源地西坪镇茶人主办，举办地为汕头。此次茶王赛不仅邀请到全国各地和东南亚茶商出席，并且活动形式新颖，改变了过去请专家来评定茶王的方式，改由与会嘉宾民主投票评选。经过多轮评判之后，铁观音茶王最终诞生。但此次的茶王却并没有拍卖，而是以抽奖的方式请现场的各界茶人来共享，让更多的人参与到评选，并且让大家都能一尝茶王的味道。

* 日本茶文化

茶王赛的举行让安溪茶叶的品牌提升了影响力，所评选出的茶王也屡屡因为高价而引起了全社会的关注。1993年在泉州评选出的铁观音茶王以每斤1万元的价格被拍卖抢购，而到了1995年，茶王的价格已经到了每斤5.8万元。1996年茶王赛评选出的毛蟹茶王拍卖价达到每斤7.2万元，铁观音茶王拍卖价达每斤16万元。1998年11月，在上海评出的铁观音茶王以100克4万元被拍卖，相当于每斤20万元。这一价格已经令人咋舌，但是到了1999年，铁观音茶王的拍卖价为100克7万元，2001年铁观音茶王拍卖价已经达到了100克12万元。

茶王价格的不断攀升折射出人们对于高品质茶叶的追求，而安溪在举行茶王赛的同时也不断发展茶文化，让茶来带动旅游产业的发展。"中国茶都（安溪）茶文化旅游节暨首届铁观音乌龙茶节"活动、"海峡两岸茶文化交流会"、"中华茶产业国际合作高峰会"等活动内容创新，社会影响力也不断扩大。从茶王赛中衍生出来的文艺踩街、焰火晚会、烛光品茗会、国际茶艺表演、全国最佳茶艺小姐大赛、十佳茶艺之星大赛、茶文化旅游、茶文化论坛、茶叶订货会、产品展销会等活动，也有力地带动了安溪经济的发展。

现在，安溪铁观音的品质不断提高，包装工艺也在不断改进，更适合现代人的饮茶习惯。小包装茶叶的出现让人们饮茶变得更加便捷，斗茶的风气也因为茶王赛而兴盛起来。在整个闽南地区，人们喜欢在工作之余携带几包小包装的茶叶，冲泡起来，一边斗茶，一边论道，生活其乐融融。这种斗茶之风因为其独特的闲情逸致，已经在广东、上海等地流行起来，越来越多的人关注安溪，安溪茶俗获得更广泛的传播，这一切将推动安溪茶发展的脚步走得更稳健，茶韵更香醇。

叁

根
脉
延
展

传承中的变革

　　作为人均茶叶消费量世界第一的国家，万里之外的英国人每年要消耗近20万吨的茶叶。标准化、统一化，是英国人对口感的要求。

　　沃本修道院，这处曾经属于罗素家族的房子曾是下午茶诞生的源头。曾经的英国贵族，只有早晚两顿正餐，两餐之间，漫长饥饿。几片面包，辅认奶油、果酱，再配上一壶中国好茶，这是贝德福（Bedford）公爵夫人安娜·玛利亚·罗素（Anna Maria Russo）的解决办法。从此，下午茶开始成为皇室贵族社交圈的时尚，并且迅速普及至平民。这份传统，英国人传承了百年的时光。

　　如今下午茶已成为英国茶文化中最重要的一部分，代表着舒适和安全感。每当午后四点的钟声响起，时间会因茶而暂时驻足。茶点精致，三层托盘，从下往上，口感由咸到甜，自轻至重。人们享受着这样的传统，犹如与生俱来，顺理成章。变化的昨天，预言着不变的今天。

　　从西方到东方，茶呈现出根脉的另一种传承。不同于忠于口感标准化的英国人，日本人则在传统中思考着茶的变化。位于京都宇治桥头的通

*　沃本修道院

圆茶铺是日本最为古老的一间茶店，它存在的历史几乎平行于日本的饮茶文化史。

通圆佑介是通圆茶铺的第24代传人。每天清晨，为一休禅师所作的通圆木像奉茶是茶铺开门后的第一件事。世世代代，每天毕恭毕敬地奉茶，仿佛那些印记着家族根脉的每一处细节都在被祖先默默注视。

传承，在变与不变之中，遵守着某种约定般的法则。八百年来，老茶铺一直坚守着茶叶的高品质。新茶上市的时节，通圆佑介需要从数量繁多的茶品中，精心挑选出最符合家族茶铺理念的茶叶。与日俱增的游客，让通圆佑介看到了更为广阔的市场前景。既要坚守传统，又要与时俱进，他思考着古老茶铺的经营如何能更贴合当下的时代。

茶，开始尝试嫁接更多的潮流，变化出不同的形态。保持传统口感的同时，呈现出味觉的多样性。更好地普及，人们才能快速接纳，才能更直观地感受茶的魅力。

跨越传统和时尚，源自中国茶叶的基因，包容且开放，一如某种处世的哲学。或是坚守宗族血脉，或是变通时尚法则。

传承，让变化成为永远不变的准则。

* 通圆佑介　* 茶铺街景

* 日式茶　* 日本茶铺

安溪芳茗铁观音
神香禅味留人间

——铁观音技艺与文化传承

    茶被认为是最和谐的饮料，不仅因为它体现出了中华传统文化中的和谐思想，还因为它本身所具有的"阴阳和谐"、"天人合一"的和谐属性。经过中国传统的儒释道三家哲学思想的影响，中国茶道在坚守之中不断变化，在传承之中体现出了新时代的特色。关于"和"的思想，茶道融汇了儒家了的中庸之道，倡导"礼之用，和为贵"，以及佛家的"相敬爱，无相憎嫉"，道家"天人合一"、"致清导和"的境界。而对这些思想的传达中，安溪铁观音文化是杰出的代表。

传统技艺传承

    安溪铁观音的制作技艺，是业界被誉为最高超、最精湛、最独特的制茶技艺，而它的核心就在于半发酵的制茶工艺。整个铁观音制作流程包括采摘、晒青、凉青、摇青、摊青、炒青、包揉和烘干，这些都是流传了数百年的制作工艺，茶人们一方面在严谨继承，另一方面也在不断尝试使用先进技术来改进，以便提高制茶的效率。

　　高品质的安溪铁观音需要在自然条件和人为制作工艺之间找到完美结合点，茶园的管理、采制技术和制茶师傅的手艺都会影响到成茶品质的高低。采摘鲜叶的时候，春秋茶都采顶叶小开面2~4叶，夏暑茶则可以适当采摘嫩叶。一般来说春茶的采摘节气在谷雨到立夏之后，也就是4月20日到5月10日的上午10点到下午3点之间。而秋茶的采摘节气则是秋分前后到寒露时间，也就是9月15日到10月5日的上午10点30分到下午4点之间。鲜叶是制茶的基础，只有找准时机，才能获得大自然最优质的赐予。

　　晒青的时候，一般会根据节气的不同选择不同的方法。大的下午3~4点，将采回来的鲜叶摊放在日光下进行照射和吹风萎凋，散发水汽。此时的温度一般为22℃~28℃，晾晒的时间也仅仅持续20~30分钟，茶叶重量减少7%~10%就可以。晒青的时候叶子要薄摊，让叶面失去光泽，手拿起一片茶叶的时候叶子下垂为适度。

　　摇青和摊青是考验制茶师傅的关键环节，作为乌龙茶特有的操作手法，摇青也决定了铁观音特征的形成。传统的摇青是采用手工筛青的方法，用直径110cm的圆筛悬离地面进行操作，每次的投叶量大约在10斤左右。熟练的师傅可以让叶子在茶筛上做圆周旋转和上下翻动，让茶青跳起8字舞。而摊青则是一个静止的过程，经过反复的摇动之后，摊青可以让茶叶水分散发。经过四五次的摇青和摊青之后，铁观音青叶呈现出朱砂红的边缘和黄绿色的叶心，从叶背看犹如汤匙，散发出兰花香。

经过以上几个步骤之后乌龙茶的内质已经形成，炒青是一个承上启下的转折工序。传统的炒青是用高温来焖炒，一般茶锅的温度可以达到210℃，杀青程度会让茶叶手握有刺手感。这样做的目的是为了抑制鲜叶中的酶活性，控制氧化过程，防止叶子继续变红，固定品质。

当鲜叶的水分在炒青之中大量挥发，叶子变得柔软，便要进行下一步包揉了。包揉是闽南地区乌龙茶特殊的塑型工艺，也是铁观音所特有的，一般会采用揉、压、搓、抓等动作，让茶叶条形紧结、弯曲。经过这一步骤之后的铁观音鲜叶茶汁被挤出来，黏附在叶子表面，加强非酶性氧化，可以增加茶汤的浓度。

完成以上步骤之后，铁观音茶的品质已经初步呈现出来。之后还需要低温烘干，形成毛茶，并制作精茶。烘干的时候一般选择60℃～70℃之间的温度，烘至茶叶足干，去掉多余的水分，让茶叶易于储存，并且通过干燥来抑制氧化，消除苦涩味。在此基础上做出毛茶、精茶，并装入精美包装，形成人人渴慕的铁观音。

市面上可以看到的铁观音都是每包7克的小包装，这种包装方法采用了真空压缩技术，附上包装罐，可以让茶人一次喝完一包。如果有喝不完的茶叶，却想要保持它的鲜度，建议将它收进-5℃的冰箱之中保鲜，这样可以让它保持最佳的状态。但铁观音作为一种饮料，就算经过了烘干压缩包装，也不意味着可以永久保存，最好的饮用时期不宜超过一年，如果在半年内饮用则是最佳。

千古独绝观音韵

在国内外的茶庄、茶店和茶馆界，都流传着这样一句话："无安不成市，无铁不成店"，所指的就是茶行都将来自安溪的铁观音作为自己的镇馆之宝。从20世纪70年代末开始，日本流行起了一股乌龙茶热，其中最受追捧的就是铁观音茶，因为它独特的观音韵和兰花香，给世界茶人带来了一份难得的天然芳香饮品。

安溪人都知道一句话："谁人寻得观音韵，定是百岁不老人。"因为独特的工艺和鲜明的韵味，使得安溪铁观音独领风骚、名噪天下，它的成茶品质之中独特的品种特性被描述为一种"好似人参一样的甜蜜香"气味，而这种观音韵的强弱就决定了铁观音品质的高低。

在茶界，对于铁观音的观音韵这一抽象的概念从三方面探讨，一是品种（品类）香显，二是茶汤也有品种的香气，三是饮后有回甘，也就是人们常说的喉韵。余韵绕梁，齿颊留芳，证明了铁观音兼有各类茶的优点，青茶的正味、红茶的醇厚、绿茶的清香、普洱的甘滑，不红不绿、不清不酸，最是中庸。所以在品评铁观音的时候，第一要看它是否有品类的特征，第二要看它品质的优点，第三要看品质和技术上的弱点。譬如说铁观音香气评审，首先要看音韵是否明显，其次是看香气高低，然后才是香气的持久程度。那些香气馥郁、高长的铁观音毫无疑问便是上品了。

韵明香高是高档铁观音，韵显香幽是极品铁观音，而事实上在品鉴的过程中韵显不一定香高，香高不一定韵显。这种观音韵的形成和鲜叶的质量、季节，制茶时的天气，制茶工艺密切相关。香高味醇，如新风临荷、空谷幽兰之感，才是最让人沉醉的。

安溪铁观音的品质评鉴是一门高深的学问，必须要有长期的实践经验，通过摸索才能掌握要领。从外形、听声、察色、闻香和品韵入手，辨别茶叶优劣。看外形的色泽和条索紧结度，听茶叶入壶的时候清脆的声音，察看汤色是否金黄清澈、叶底是否肥厚明亮，闻茶汤的香味是否高扬、馥郁持久，最后再品一口，通过茶汤的甘鲜来感受观音韵的独特。

用四个字来简单概括观音韵，便是鲜、香、甘、恬。所谓的"鲜"，是指新鲜爽快，犹如夏日里口干舌燥时吃到了甜爽的水果。而"香"是指茶的香气，花香如兰似桂，沉香凝韵，隽永滑润，清纯无杂。"甘"是指茶汤鲜醇可口、滋味醇厚、回味甘怡。最后的一个"恬"字则是指香气如同空谷幽兰、清新优雅，令人心旷神怡。这是品鉴铁观音的时候特有的心灵感受，这种感受必须在喝茶的时候通过嘴底、喉韵、杯底留香来体现，也是整个品评过程之中最高的追求。

铁观音文化中的和与美

✳

作为中华文化的传统思想，"和"文化一直对中华民族产生着深远而持久的影响，在这种精神理念的引导之下，中华民族在茶的栽培、加工和利

* 浓香铁观音

* 清香型铁观音

用之中创造了高度发展的精神文化。安溪铁观音在整个生产过程之中兼具了融通性和独立性，既传承了中华茶文化的和谐特征，又体现了自身的个性追求。

在安溪茶文化之中，"和"的精神可以体现在不同的层面，茶性"中和"是它的一大特征。在安溪地区，有一句俗语叫作"不冷不热二十斤"，这是描述铁观音最简单却最准确的一句话。因为人们认为"红茶热，绿茶凉"，而铁观音属于乌龙茶，是半发酵类茶叶，所以不冷不热性温和，一年四季都可以饮用。而二十斤所指的是常年喝安溪铁观音的茶人一年之中所需要的茶量。这一总结既体现了安溪铁观音的制作工艺，半发酵类茶和中医所倡导的"调和"理论非常一致，认为万物都要处于平衡协调的状态之下才是最佳。不发酵类茶性冷，全发酵类茶性热，而半发酵让铁观音有了绿茶的清香和红茶的醇厚，让饮用者始终处于内外平衡、动静协调的最佳状态。

铁观音的"和"还体现在人与茶的和，因为它不光是大自然的产物，还需要让气候、鲜叶和茶人有机结合起来。在时常变化的天气条件之下，茶人想要制作出上等的铁观音，就要根据鲜叶内含物质结构各异的特色，灵活机智地采取看青做青、看天做青①技术，让鲜叶内含物的转化与合成都朝着优质方向发展。此外，安溪铁观音的制作工艺难度大、技术要求高，需经过采摘、做青、炒青和揉烘四个阶段的十一道工序，这其中的每一道工序都要环环相扣、缺一不可。茶农之间也需要做到密切配合，协调统一，方可制作出风味形制兼优的安溪铁观音。茶人常说一泡上好的铁观音犹如一件艺术品。正是因为这天、地、人三者要素的密切配合，才能得到可遇不可求的好茶。

铁观音文化之中的"和"还体现在它能涵容不同的文化，不管是主流文化、雅文化或俗文化，铁观音似乎都可以融会贯通，将传统文化和时尚文化全部包容。在传承的过程中，铁观音文化具备了中国茶文化的和谐精髓，同时也在发展过程中吸纳了中原文化、闽南文化、海洋文化、茶乡文化、民间文化、都市文化等多种文化精神，具备了超越茶品本身的物质表现形式，上升到了精神层面，成为一种特殊的文化载体。现在的安溪铁观音，已经不再是物质的范畴，更具备了社交礼仪、修身养性和道德教化的功用，人们在品茶的过程之中沟通思想、增进友谊，在茶理中修正思想、感悟真谛，达到人与自然、人与人，以及人与自身的和谐。

除了"和"文化，铁观音文化之中还有令人叹为观止的"美"文化。它的美体现在铁观音的茶美、韵美和艺美。为了适应时代的发展，铁观音已经成为健康、文明新生活的代表。而大自然的非凡造化孕育了铁观音的茶之美，安溪境内多山、多雾、温和的气候环境，光照适宜、多漫射光和紫外线的光照条件，以及酸性红壤和砖红壤的土质条件，造就了铁观音的得天独厚。就算是栽培技术高度发达的今天，品质最高的铁观音依旧是来自于青山绿水的安溪。安溪铁观音纯正的品种、天然的花香和独特的茶韵，是其他茶类和其他地区的铁观音茶所无法比拟的。

至于安溪铁观音的韵美，主要靠的是过硬的品质，独具的"观音钦韵"在品饮的过程中才能感受到，其内涵包括茶品本身的特性和品饮之后上升

注：①根据茶叶的鲜嫩程度和天气情况做青的手法不同。

的精神感受。铁观音的香气和滋味有机协调融合，形成了味中含香、香中有味的独特风味。那独有的音韵之美则让饮者从中获得了情感的愉悦，是高品位的精神文化境界。

安溪铁观音"美"文化之中的艺美，代表了中国茶叶境界的最高水准，是通过独特的品饮艺术，来演绎精彩绝伦、令人如痴如醉的茶艺文化。这种茶艺之美，既可以为普通大众所享用，也可以让每个人都能真实而满足地拥有安溪铁观音的无穷魅力，是铁观音文化之中最直接的部分。现代的铁观音茶艺有舞台式和待客式两大类。其中舞台式安溪茶艺姿态简朴纯美、清新脱俗，通过示范性的冲泡表演，让人们认识到铁观音的本体茶性，展示出铁观音文化的包容性和品饮艺术的亲和性。而在待客式的安溪茶艺里，这些因素都会被淡化，更多地表现出了自由随意与融洽的气氛，避免了舞台表演的规整与严谨，却也做到了环环有序，不管是择茶、选水、用具等，都要做到自然而精致。在铁观音的故乡安溪，以茶待客是代代相传的高尚礼节，这里的人们个个都是泡茶的行家，也将独特的佳品奉献给了世人。

在安溪这个茶之王国里，铁观音如同一颗耀眼的明珠，让更多人了解了茶，也让更多人沉醉于茶香。几百年过去了，它的韵味一直滋养着世界茶人，丝毫不减。未来的日子里，这产于戴云山脉的神奇树叶必将伴随着人们对高品质生活的追求，展示出中国茶叶更多迷人的风采。

《茶界中国》纪录片工作人员

片名题写：康默如
制 片 人：刘 嘉　周 獴
总 导 演：刘 嘉
执行总导演：姜 葳
策 划：安 宇
文案统筹：许 靖
导 演 组：张文婷　吕天北　刘 木　李亦燃　习 昆　翟 栋　魏鹤云
　　　　　谢文超　宋天硕　商晓刚　张黎东　田 野　林祎　奇博文
　　　　　邢云欢　Francis Gerard（英国）　牟卫红　颜磊
资料收集：郭华俊　许晓筱
摄 影：金 宇　曹 轩　张 何　李文宾　晋广起　陈 锐　高 山
　　　　　周文龙　赵 山　赵博渊　王 硕　Will Wilkinson（英国）
　　　　　李文彬　李 戬　董 彬　杨晓春　田 宾
摄影助理：史冬鹏　沙笑尘　宋彦鹏　底雪峰　牛柯成　梁 鑫
　　　　　甄添翔　Phil Cooper（英国）　王 超　顾建涛
灯 光：柯 东　孙高勇　雷 俊　张国强　张念中
　　　　　贾新亮　夏荣新　刘鸿昌　牟学军　于学彬
录 音：高腾飞　齐 辉　张文武　卢 建　张汉春　童 瑾　贾立辉
　　　　　张金歌　Jonny Horne（英国）　刘艳伟
航拍导演：翟 威
航 拍：王 伟
国际制片：江安西（英国）　郑海瑶（英国）
外联制片：周 磊　廖海生　李思航　刘 越　申岩岩　殷丽华
显微摄影：杨晓春
技术总监：王彩珍
剪 辑：张 楚　李 赓　刘文雯　岳 溪　李冠初　张艳平　陈元艳
调 色：王 思　杨 莉
动画制作：吕 东　尹得宇
视 效：王 凯　王龙飞　王 笠　杨小龙
音频制作：沐肆洲
音频监制：王 同
音频统筹：陈 璐
作 曲：王 同　孙 沛
解 说：杨 晨
音乐编辑：高宝喜　刘孟夏　汤君彦
声效制作：柴玉伟　朱雨亭
乐器演奏：亚洲爱乐乐团
责任编辑：郭亭亭
宣传统筹：张 博　安 宇
宣传推广：姚佳子　赵润东　陈丽丞　李晓龙　康 松
　　　　　汪 晨　王 璟　张 政　朱镇东　朱正宜
商务统筹：卢 磊
商务执行：万 嵘　张 弦
编播统筹：徐 凌　张 丽
编播执行：陆希尘　欧阳天　熊占青　张 慧　赵程涓　秦文君　葛 婷　梁立中
商务运营：郝丽丽　史云尔
行政支持：郑 青　王佳慧
财务管理：苏丽颖　于珊珊
策划顾问：刘 伟、黄灿红
专业顾问：刘军贤
联合出品人：刘 嘉
监 制：李 响　陈其庆　任新农
总 监 制：陈 辉　任 桐
出 品 人：卜 宇